Anne-Félicie Lamic-Humblot

Carbures bimétalliques(Mo,W) pour l'isomérisation du n-heptane

Anne-Félicie Lamic-Humblot

Carbures bimétalliques(Mo,W) pour l'isomérisation du n-heptane

Catalyse bifonctionnelle

Presses Académiques Francophones

Impressum / Mentions légales

Bibliografische Information der Deutschen Nationalbibliothek: Die Deutsche Nationalbibliothek verzeichnet diese Publikation in der Deutschen Nationalbibliografie; detaillierte bibliografische Daten sind im Internet über http://dnb.d-nb.de abrufbar. Alle in diesem Buch genannten Marken und Produktnamen unterliegen warenzeichen-, marken- oder patentrechtlichem Schutz bzw. sind Warenzeichen oder eingetragene Warenzeichen der jeweiligen Inhaber. Die Wiedergabe von Marken, Produktnamen, Gebrauchsnamen, Handelsnamen, Warenbezeichnungen u.s.w. in diesem Werk berechtigt auch ohne besondere Kennzeichnung nicht zu der Annahme, dass solche Namen im Sinne der Warenzeichen- und Markenschutzgesetzgebung als frei zu betrachten wären und daher von jedermann benutzt werden dürften.

Information bibliographique publiée par la Deutsche Nationalbibliothek: La Deutsche Nationalbibliothek inscrit cette publication à la Deutsche Nationalbibliografie; des données bibliographiques détaillées sont disponibles sur internet à l'adresse http://dnb.d-nb.de.
Toutes marques et noms de produits mentionnés dans ce livre demeurent sous la protection des marques, des marques déposées et des brevets, et sont des marques ou des marques déposées de leurs détenteurs respectifs. L'utilisation des marques, noms de produits, noms communs, noms commerciaux, descriptions de produits, etc, même sans qu'ils soient mentionnés de façon particulière dans ce livre ne signifie en aucune façon que ces noms peuvent être utilisés sans restriction à l'égard de la législation pour la protection des marques et des marques déposées et pourraient donc être utilisés par quiconque.

Coverbild / Photo de couverture: www.ingimage.com

Verlag / Editeur:
Presses Académiques Francophones
ist ein Imprint der / est une marque déposée de
OmniScriptum GmbH & Co. KG
Heinrich-Böcking-Str. 6-8, 66121 Saarbrücken, Deutschland / Allemagne
Email: info@presses-academiques.com

Herstellung: siehe letzte Seite /
Impression: voir la dernière page
ISBN: 978-3-8381-8981-9

Sommaire

Chapitre 3 : Synthèse et caractérisation physico-chimique des catalyseurs   39

Chapitre 4 : Isomérisation bifonctionnelle du *n*-heptane   84

Introduction générale

Les carburants, comme les autres produits pétroliers, sont soumis à des spécifications, établies par la loi, qui caractérisent la composition des essences par un ensemble de valeurs limites autorisées. Ces spécifications évoluent, notamment avec les progrès techniques et le contexte économique et écologique. L'indice d'octane des essences était maintenu, jusqu'à ces dernières années, grâce à des additifs polluants comme le plomb tétraéthyle, ou des aromatiques comme le benzène, composés toxiques pour l'homme. L'un des procédés envisagés pour traiter ce problème est l'hydroisomérisation des paraffines, c'est-à-dire la formation d'isomères mono et multibranchés ayant des indices d'octane élevés. La réaction d'isomérisation est la plupart du temps catalysée par des systèmes bifonctionnels, alliant une fonction métallique (hydro/déshydrogénation) à une fonction acide (fonction isomérisante). Le catalyseur le plus couramment utilisé est Pt/zéolithe dans lequel le platine assure la fonction métallique et la zéolithe la fonction acide.

Les carbures des métaux de transition ont été très largement étudiés au cours des dernières années ; la similitude de leurs propriétés avec celles des platinoïdes est responsable de cet intérêt. L'avantage des carbures est d'avoir une bonne résistance aux poisons, et notamment le soufre, tandis que les platinoïdes sont irréversiblement empoisonnés. Pour ces raisons, les carbures des métaux de transition sont des matériaux intéressants comme substituts de métaux nobles.

D'autre part, il est connu qu'un traitement des carbures de molybdène et de tungstène (bons catalyseurs d'hydrogénation) sous oxygène à haute température

1

permet d'engendrer des sites acides capables de modifier l'activité et la sélectivité de ces catalyseurs en les rendant bifonctionnels. Ces matériaux modifiés ont alors, en plus de leur propriété hydrogénante, une activité isomérisante.

Le mécanisme d'isomérisation bifonctionnelle du *n*-heptane (molécule linéaire représentative des charges pétrolières concernées par l'isomérisation) étant connu, l'objectif de cette thèse est de formuler des catalyseurs bifonctionnels capables d'isomériser la molécule modèle. Afin de maîtriser les fonctions acide et métallique, nous avons utilisé des catalyseurs bimétalliques associant deux métaux de transition : le molybdène et le tungstène, le premier, sous forme de carbure, devant assurer la fonction hydro/déshydrogénante, le second, sous forme d'oxyde, pour la fonction acide. A cette fin, la carburation a été effectuée à la température la plus basse possible grâce à l'utilisation de l'éthane comme agent carburant. L'acidité nécessaire est alors, non pas créée à l'issue de la synthèse, mais conservée pendant celle-ci. De nouveaux matériaux – des carbures mixtes formés par insertion de l'un des métaux dans la matrice de l'autre– ont aussi été étudiés. Les matériaux ainsi synthétisés ont été utilisés pour l'isomérisation du *n*-heptane à pression atmosphérique.

Les catalyseurs ont été caractérisés au plus proche des conditions de la réaction catalytique. Une caractérisation massique a été faite par diffraction des rayons X sur poudre, microscopie électronique à transmission et analyse EDX ; une caractérisation surfacique a été effectuée grâce à l'XPS et l'adsorption-désorption de molécules sondes.

Une étude approfondie des sites acides est menée. La mise au point d'une nouvelle méthode efficace de dénombrement des sites acides et de différenciation entre les sites acides de Lewis et de Brönsted a permis cette étude. Grâce à cette quantification et à l'étude cinétique menée, nous avons pu calculer les vitesses de rotation sur les différents catalyseurs présentés dans cette thèse.

Après un rappel bibliographique, présenté dans le premier chapitre, nous aborderons dans le chapitre 2 la description des techniques expérimentales utilisées

2

pour caractériser les catalyseurs. Dans le troisième chapitre, la synthèse et la caractérisation des catalyseurs seront décrites. Nous y aborderons notamment les résultats obtenus pour le dénombrement des sites acides actifs. Enfin, le quatrième chapitre sera consacré à l'étude des propriétés catalytiques des catalyseurs lors de la transformation du n-heptane. La cinétique de transformation de la molécule modèle et le calcul des vitesses de rotation y seront également abordés.

Chapitre 1

Mise au point bibliographique

1. 1 Isomérisation des paraffines

1. 1. 1 Aspects thermodynamiques

La réaction d'isomérisation des paraffines est une réaction limitée par la thermodynamique. La figure 1. 1 représente la répartition des isomères de l'heptane en phase vapeur en fonction de la température [1]. Il apparaît que la proportion en *iso*-heptanes augmente quand la température diminue. Cependant, le pourcentage en isomères tribranchés (ayant les indices d'octane les plus élevés) prévu par la thermodynamique est faible, même à 100°C.

Un catalyseur travaillant à la température la plus basse possible devrait donc permettre de favoriser thermodynamiquement la formation des isomères à hauts indices d'octane, c'est-à-dire les isomères multibranchés.

Dans les procédés d'hydroisomérisation – pour lesquels une teneur maximale en isomères est recherchée – la température de travail est classiquement comprise entre 200 et 350°C de manière à obtenir un compromis satisfaisant entre la thermodynamique et la cinétique de la réaction.

Dans cette étude, nous avons réussi à fixer la température de réaction à 300°C. La composition à l'équilibre thermodynamique à cette température et les différents indices d'octane pour les principaux isomères sont donnés dans le tableau 1. 1.

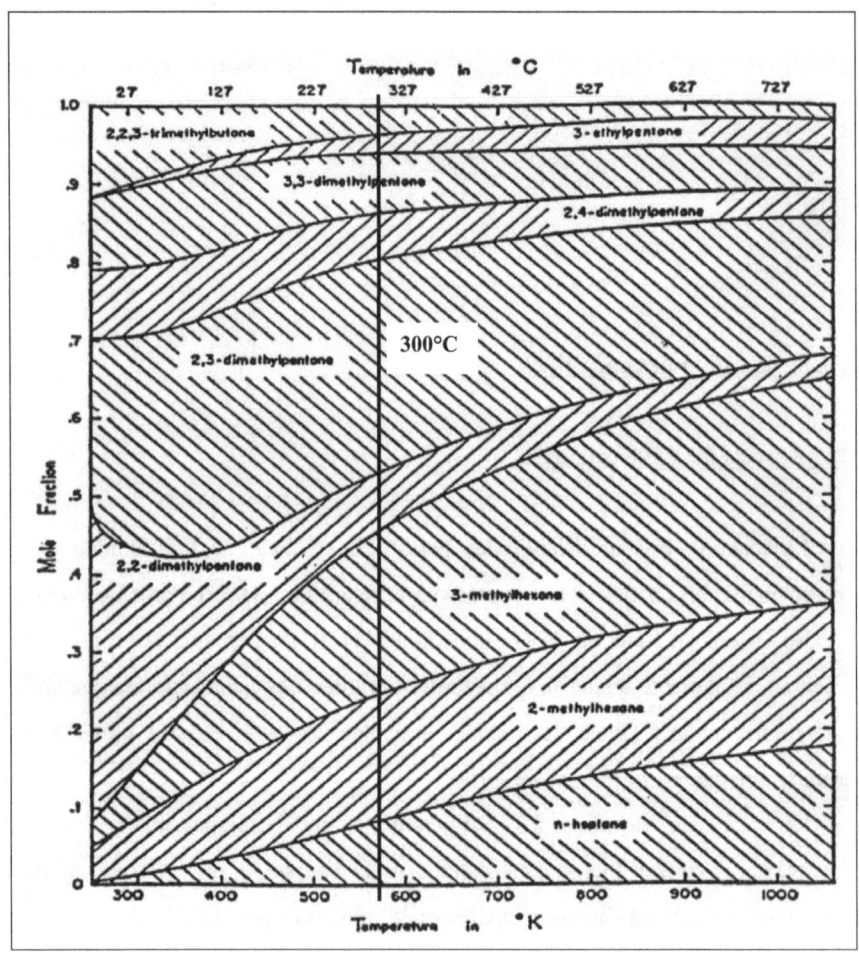

Figure 1. 1 : Répartition des isomères du *n*-heptane en phase vapeur en fonction de la température, selon Rossini [1].

Hydrocarbure	% thermodynamique	Indice d'octane
n-heptane	6,5	0
2-méthylhexane	12,5	42,4
3-méthylhexane	16,5	52
2,2-diméthylpentane	6,0	92,8
2,3-diméthylpentane	13,5	91,1
2,4-diméthylpentane	4,5	83,1
3,3-diméthylpentane	6,0	80,8
3-éthylpentane	2,0	65
2,2,3-triméthylbutane	3,0	112,1

Tableau 1. 1 : Composition à l'équilibre thermodynamique à 300°C et indices d'octane pour les principaux isomères de l'heptane.

1. 1. 2 Réactions modèles de transformation du n-heptane

Les transformations du n-heptane peuvent être regroupées selon trois types de réactions chimiques :

- modification de la chaîne carbonée sans rupture ni création de double liaison, ce qui correspond à une isomérisation

- formation d'une oléfine à sept atomes de carbone, correspondant à une déshydrogénation parfois associée à une aromatisation (déshydrocyclisation)

- rupture de la liaison carbone-carbone et formation de deux molécules (saturées ou non) contenant moins de sept atomes de carbone, ce qui correspond à une hydrogénolyse (sur site métallique) ou à un craquage (sur site acide).

Plusieurs modèles ont été décrits pour rendre compte des divers composés obtenus lors de la transformation des n-alcanes à la surface d'un catalyseur. Les réactions catalytiques peuvent se produire soit selon un processus monofonctionnel métallique, soit selon un mécanisme monofonctionnel acide, soit selon un processus bifonctionnel faisant intervenir à la fois des sites acides et des sites métalliques.

1. 1. 2. 1 Processus monofonctionnel métallique

Des réactions d'isomérisation ou d'hydrogénolyse peuvent avoir lieu sur des sites métalliques.

Isomérisation par déplacement de liaison

Anderson *et al.* [2] ont observé une isomérisation du néopentane et de l'isobutane sur du platine métallique.

Pour l'expliquer, les auteurs invoquent une migration de liaison faisant appel à des intermédiaires triadsorbés sur des sites hydrogénants adjacents. Il s'agit d'un mécanisme par saut d'alkyle valable pour des catalyseurs possédant de grandes particules de métal noble.

Dans le cas du *n*-heptane [3], le saut d'alkyle a lieu de la manière suivante :

Isomérisation par l'intermédiaire d'un cycle à cinq atomes de carbone

Ce mécanisme est proposé par Gault *et al.* [4, 5] pour des catalyseurs où le métal est hautement dispersé. Il met en jeu un intermédiaire cyclopentanique. A partir du *n*-heptane, deux intermédiaires cycliques à cinq atomes de carbone sont possibles [5, 6, 7]. Ils sont adsorbés et sont susceptibles de produire encore d'autres isomères par ouverture de cycle.

L'isomérisation du *n*-heptane se produit donc par rupture de liaison carbone-carbone ou par ouverture de cycle de l'intermédiaire cyclopentanique sur les deux cycles à cinq atomes de carbone. Elle conduit aux isomères présentés plus haut.

7

Ainsi, à partir de ce modèle, les deux cyclopentanes doivent être retrouvés après désorption : le 1,2-diméthylcyclopentane et l'éthylcyclopentane, ainsi que les isomères suivants : le 3-méthylhexane, le 2,3-diméthylpentane et l'éthylpentane.

1,2-diméthylcyclopropane   éthylcyclopentane

La rupture de la liaison en **a** redonne le *n*-heptane
La rupture de la liaison en **b** donne le 3-méthylhexane
La rupture de la liaison en **c** donne le 2,3-diméthylpentane
La rupture de la liaison en **d** donne l'éthylpentane

Isomérisation par l'intermédiaire de cycle métallacyclobutane

De nombreux auteurs [2, 8] ont proposé un mécanisme par déplacement de liaison via un intermédiaire métallacyclobutane pour expliquer la réaction d'isomérisation sur des catalyseurs constitués de particules métalliques. Le schéma général de la réaction selon ce mécanisme dans le cas du *n*-heptane est proposé dans la figure ci-dessous :

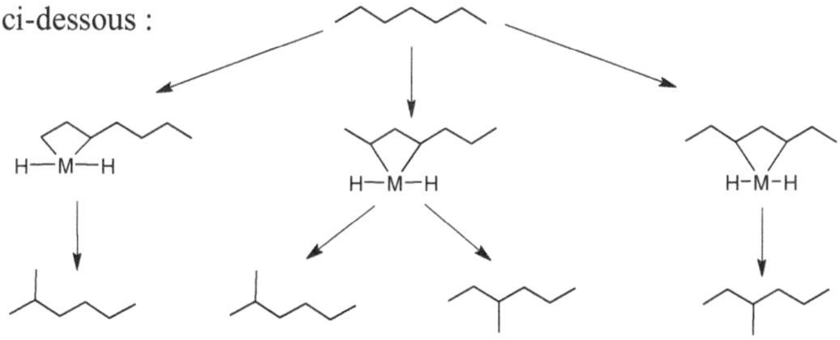

Ce mécanisme a été observé pour des petites molécules [6, 9, 10-12]. Il n'y a pas de catalyseur avec le *n*-heptane qui réponde à ce mécanisme.

Hydrogénolyse – Déshydrogénation

Le métal peut également être responsable d'une activité hydrogénolysante mais aussi d'une activité déshydrogénante/hydrogénante.

8

La réaction d'hydrogénolyse [6] implique l'adsorption de deux atomes de carbone adjacents sur des sites métalliques voisins. L'hydrogénolyse se fait majoritairement par déméthylation. Sur les métaux nobles comme le platine, les coupures des liaisons C-C primaires, C-C secondaires ou Csecondaire-Ctertiaire sont les plus fréquentes. Avec les n-alcanes, tous les composés sont linéaires et en quantité voisine.

La déshydrogénation conduit à des alcènes linéaires ayant la double liaison en position 2 ou 3. La formation d'oléfines ramifiées peut aussi être observée lorsque, à l'issue d'une isomérisation, une oléfine ramifiée désorbe avant d'être réhydrogénée. La déshydrogénation est parfois accompagnée d'une aromatisation et par conséquent de l'observation de toluène.

Ces deux réactions sont toujours présentes sur les métaux et s'ajoutent à la réaction d'isomérisation.

1. 1. 2. 2 Processus monofonctionnel acide

Il est généralement admis que les réactions d'isomérisation et de craquage qui ont lieu sur un catalyseur possédant une forte acidité s'effectuent par l'intermédiaire d'un ion carbénium (carbocation classique). Elles se déroulent de la façon suivante :

La première étape, qui correspond à l'étape d'initiation au cours de laquelle se forme le carbocation, se produit par arrachement d'hydrure à la paraffine, après adsorption de l'alcane sur un site acide de Brönsted.

$$n\text{P} + \text{S-H}^+ \longrightarrow \text{H}_2 + \text{S-}n\text{C}^+$$

avec S-H$^+$ = site catalytique acide

L'ion carbénium instable ainsi formé peut subir des réarrangements moléculaires ou craquer. Le craquage sans réarrangement se fait par β-scission classique. Il y a alors formation d'un fragment d'oléfine (nO) et d'un fragment d'ion

9

carbénium (nC^+) qui, lui, sera transformé par transfert d'hydrure d'une paraffine qui, elle-même, deviendra un ion carbénium selon le mécanisme précédemment décrit.

Les réarrangements que peut subir l'ion carbénium sont une isomérisation qui peut être

- avec ramification, l'intermédiaire étant un cyclopropane protoné

- en l'absence de ramification, par saut d'alkyle

Les carbocations formés peuvent également craquer sur les sites acides par β-scission formant ainsi des oléfines et de nouveaux carbocations de plus faible masse moléculaire. Il en résulte que la réaction de craquage est prépondérante devant la réaction d'isomérisation.

L'une des particularités de ce genre de catalyse est la désactivation du catalyseur avec le temps de réaction. La plupart du temps, elle est attribuée à la formation de coke à la surface du catalyseur sur les sites acides de Brönsted.

1. 1. 2. 3 Processus bifonctionnel

La catalyse bifonctionnelle fait intervenir deux types de sites auxquels sont associés deux types de fonctions :

- un pouvoir déshydro/hydrogénant sur le site métallique

10

- un pouvoir acide isomérisant sur le site acide.

Sinfelt *et al.* [12] et Weisz *et al.* [13] ont montré que l'isomérisation bifonctionnelle des alcanes passe par la formation d'un alcène.

Dans un premier temps, le *n*-heptane subit une déshydrogénation sur un site métallique pour former du *n*-heptène. Celui-ci va ensuite, grâce au phénomène de diffusion, atteindre un site acide de Brönsted pour être protoné, produisant ainsi des ions alkylcarbénium. Après réarrangement ou β-scission directe, ces ions alkylcarbénium désorbent sous forme d'*iso*-oléfines qui seront ensuite réhydrogénées sur un site métallique.

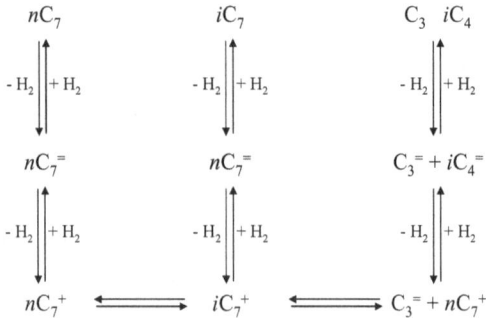

Cette représentation simplifiée, les équilibres successifs faisant intervenir les monobranchés et multibranchés n'étant pas représentés, implique que les sites acides et métalliques soient géographiquement proches les uns des autres, à cause de l'influence de la diffusion des molécules entre chaque type de site.

Les sélectivités des produits de la réaction dépendent de la force des sites acides puisqu'elles dépendent de la vitesse de transformation de l'ion carbénium. Le mécanisme d'isomérisation et de craquage sur les catalyseurs bifonctionnels met en jeu les mêmes intermédiaires carbocations que sur des catalyseurs acides.

Il faut donc envisager deux mécanismes :

le premier, dont l'intermédiaire est un cyclopropane protoné le second se faisant via un saut d'alkyle.

- Isomérisation bifonctionnelle via un cyclopropane

Lorsque l'intermédiaire est un cyclopropane protoné, la formation du 2-méthylhexane n'est pas favorisée et le rapport 2-méthylhexane/3-méthylhexane vaut 0,5 [14].

a   b

A partir de l'intermédiaire a, le 2-méthylhexane et le 3-méthylhexane peuvent se former. En revanche, seul le 3-méthylhexane peut être obtenu à partir de l'intermédiaire b. Le 3-méthylhexane est donc formé en quantité deux fois plus importante que le 2-méthylhexane.

- Isomérisation bifonctionnelle sans changement du degré de ramification via un saut d'alkyle

Dans ce cas le rapport 2-méthylhexane sur 3-méthylhexane est égal à 1.

Le catalyseur type d'un tel mécanisme est un Pt/zéolithe dans lequel la teneur en platine est de 0,5 %. La zéolithe considérée est soit de type faujasite Y [15, 16] soit de la mordénite ou de type bêta [16].

Il apparaît que le mécanisme d'hydroconversion même sur une molécule relativement courte comme le *n*-heptane est assez compliqué.

Pour favoriser la formation des isomères multibranchés, le catalyseur choisi devra avoir une fonction métallique suffisamment forte devant la fonction acide pour avoir un mécanisme consécutif et retarder la formation des produits de craquage. Ceci permettra d'éviter aussi les réactions monofonctionnelles acides. D'autre part, la formation des isomères multibranchés est favorisée thermodynamiquement à basse température ; les solides acides choisis devront donc être actifs à basse température.

1. 2 Carbures de métaux de transition : propriétés catalytiques et applications

1. 2. 1 Description et propriétés

Les métaux de transition forment, en général, divers carbures. En effet, à l'exception des métaux des cinquième et sixième périodes des colonnes 8, 9 et 10 de la classification périodique des éléments, la formation des carbures des métaux de transition est générale.

Les carbures des métaux de transition sont des composées interstitiels. Les atomes de carbone sont incorporés dans le réseau cristallographique du métal. En général, les atomes métalliques forment des réseaux cristallins simples : cubique à faces centrées, hexagonal compact, hexagonal simple. Les atomes non métalliques - ici le carbone - se placent dans les plus grands sites interstitiels existant entre les atomes métalliques. Après insertion du carbone, ces composés présentent de nouvelles propriétés originales par rapport aux métaux parents. Ces matériaux ont des propriétés uniques telles qu'un point de fusion élevé, une extrême dureté et des propriétés électroniques et magnétiques semblables à celles des métaux de transition. En plus de leurs propriétés électriques et magnétiques, les carbures présentent une structure cristalline simple et une température de fusion élevée, les apparentant aux cristaux ioniques.

Pour être performants en catalyse, les carbures de métaux de transition doivent présenter une grande surface spécifique puisque l'activité est en rapport avec la surface. Ils sont préparés selon une méthode inspirée par les travaux de Volpe et Boudart [17] par réaction en température programmée. Cette méthode consiste à chauffer en montée linéaire de température le matériau précurseur en contrôlant le débit gazeux du réactif, la vitesse de montée, la température et la durée du palier, ceci afin de maîtriser et d'augmenter la surface spécifique du matériau final. Une étude détaillée sur la carburation de l'oxyde de tungstène a été faite en utilisant cette méthode [18].

De nombreux progrès ont été réalisés en ce qui concerne l'obtention de carbures ayant de grandes surfaces spécifiques. Lee *et al.* [19] ont préparé des carbures de molybdène à partir des nitrures ; cette nouvelle méthode a permis d'obtenir des matériaux de grande surface spécifique correspondant à celle des précurseurs parents. Grâce à la réaction entre le charbon actif et de l'oxyde de molybdène vaporisé, Ledoux *et al.* [20] ont synthétisé des carbures ayant une surface comprise entre 100 et 400 m^2/g. Cette même équipe a développé de grandes surfaces sur des catalyseurs à base d'oxyde de molybdène partiellement carburé [21]. La réduction d'heptamolybdate d'ammonium imprégné sur du charbon actif a aussi été faite [22].

Des carbures bimétalliques ont également été étudiés. Ainsi, Leclercq *et al.* ont synthétisé des carbures mixtes de molybdène et de tungstène par différentes méthodes [23]. Schwartz *et al.* [24] ont synthétisé des carbures mixtes de niobium et molybdène. Des carbures bimétalliques de nickel et de tungstène ont aussi été étudiés par Xiao *et al.* [25].

1. 2. 2 Applications

Les catalyseurs de reformage à base de platine ou de métaux nobles sont en général sensibles à la présence de poisons dans les charges comme le plomb, l'arsenic, le mercure, ainsi que les composés azotés et soufrés ou contenant des halogènes, d'où l'intérêt porté aux carbures des métaux de transition. La présence de ces poisons a pour effet une perte importante en activité. Cette sensibilité des catalyseurs à base de platine a pu être réduite grâce à l'utilisation de dopants comme le rhodium, l'iridium ou l'étain. Mais la désactivation continue à être présente.

En accord avec leurs propriétés, les carbures se sont révélés être des substituts potentiels, étant donné leurs bonnes activité, sélectivité et résistance aux poisons, tant que la teneur en ceux-ci reste peu élevée.

Les applications dans les réactions de transfert d'hydrogène sont variées : synthèse d'ammoniac [26] ; hydrogénation de l'éthylène [27], de CO [28], de

14

benzène [29] ; méthanation de CO [30] ; hydrogénolyse de l'éthane [28], du n-butane [31], du *néo*pentane [32] ; ces réactions mettent en évidence la fonction hydro/déshydrogénante de ce type de matériaux.

L'influence de la structure cristallographique sur l'activité a été étudiée. En effet, Ranhotra *et al.* [28] ont montré que Mo_2C de structure hexagonale compacte avait une activité deux fois plus grande dans la réaction d'hydrogénation de CO que ses homologues Mo_2C et Mo_2N, cubiques faces centrées. Dans la réaction d'hydrogénation du cyclohexène [33], l'activité de MoC_{1-x} (cubique) est comparable à celle des métaux de transition du groupe 8-10 comme Ni, Pd et Pt.

D'autres travaux ont montré que les carbures sont aussi de bons catalyseurs pour les réactions d'hydrotraitement comme l'hydrodésulfuration (HDS) et l'hydrodésazotation (HDN) des hydrocarbures où les catalyseurs commerciaux sont souvent sulfurés.

Par exemple, Da Costa *et al.* [34] ont montré que le catalyseur Mo_2C/Al_2O_3 était actif en HDS du dibenzothiophène (DBT). Hynaux [35] a utilisé un carbure de molybdène supporté sur du charbon actif pour étudier l'HDN de l'indole et l'HDS du DBT.

Une autre application des carbures réside dans les réactions d'isomérisation des alcanes qui deviennent de plus en plus importantes car elles permettent de transformer des alcanes linéaires, c'est-à-dire de faible indice d'octane, en paraffines ramifiées qui possèdent un indice d'octane plus élevé et qui, par conséquent, sont très valorisées. Cette réaction a connu un nouvel intérêt depuis que la législation a prévu, par souci de protection de l'environnement, la suppression des produits alkylés à base de plomb (plomb tétraéthyle) dans les essences. De plus, la réaction d'aromatisation des alcanes est à éviter puisqu'elle conduit à la formation de produits benzéniques hautement toxiques. Par conséquent, la production d'isomères semble être une bonne alternative pour leur remplacement.

Il est connu que les carbures des métaux de transition sont de bons catalyseurs d'hydrogénation car ils ont une fonction métallique prononcée.

D'après les études menées par Ribeiro [36] et Iglesia [37] sur la réaction du n-hexane et du n-heptane, les carbures de tungstène sont de bons catalyseurs s'ils subissent un traitement sous oxygène à haute température afin de créer des sites acides, capables d'isomériser l'alcane et de limiter l'hydrogénolyse.

Pham-Huu *et al.* [38] ont mis en évidence un phénomène similaire sur des carbures de molybdène lors de la transformation du *n*-hexane. Ils ont attribué ce nouveau comportement à la création d'une phase oxycarbure qui isomérise via un métallacyclobutane. MoO_3 peut donc se carburer en surface sous le mélange réactionnel [39] et donner une phase oxycarburée capable d'effectuer l'isomérisation des alcanes.

Après les travaux de Ribeiro et Ledoux, Katrib *et al.* [40] ont étudié l'isomérisation du 2-méthylpentane sur MoO_3. Ils sont arrivés à la conclusion que l'espèce active était MoO_2. Par ailleurs, Matsuda *et al.* [41] ont également montré que MoO_3 était inactif lors de la transformation du *n*-heptane, mais qu'un traitement sous hydrogène permettait d'isomériser le *n*-heptane. Matsuda conclut donc dans le même sens que Katrib : un oxyde intermédiaire semble être la phase active.

Les carbures sont des matériaux qui ont été très largement étudiés depuis les années 60. Leur domaine d'application est très vaste et leur résistance aux poisons en fait des matériaux intéressants. Ils ont été notamment utilisés comme substituts de métaux nobles ; cependant, leur activité est moins élevée.

1. 3. Les catalyseurs bifonctionnels

Les composés bifonctionnels combinent la fonction hydrogénante assurée soit par un métal, soit par un carbure, aux propriétés acides du support.

1. 3. 1 Les catalyseurs supportés

Ils sont obtenus par dispersion de particules à caractère métallique sur des supports de grande surface comme l'alumine, les zéolithes, les zircones sulfatées, les zircones tungstène, ou simplement des oxydes de métaux de transition. La phase métallique intervient uniquement lors de l'étape d'hydrogénation/déshydrogénation.

L'un des catalyseurs utilisés pour l'isomérisation bifonctionnelle du n-heptane est le platine déposé sur une alumine chlorée [42]. Le chlore permet de renforcer l'acidité du support. Cependant, la mise en œuvre de ce catalyseur étant difficile (introduction de chlore pendant le prétraitement), les recherches se sont orientées vers des supports ne nécessitant pas de conditions aussi contraignantes.

Les solides les plus acides et stables qui soient connus sont les zéolithes. Ce sont des aluminosilicates cristallins, formés de tétraèdres SiO_4 et AlO_4^- liés par les sommets. Du fait de la coordinence 4 de l'aluminium et de sa valence 3, AlO_4 est porteur d'une charge négative qui est compensée par un cation. Si ce cation est H^+, alors le solide devient acide au sens de Brönsted. Il existe de nombreuses sortes de zéolithes, qu'elles soient mono-, di- ou tridimensionnelles, avec des pores plus ou moins grands. Dans le cas de l'isomérisation des paraffines, les zéolithes les plus utilisées sont les faujasites HY et les bêtas Hβ [16]. Patrigeon a étudié la cinétique de transformation du n-heptane sur des catalyseurs Pt/Hβ et Pt/HY. Ce dernier est considéré comme un catalyseur de référence pour l'isomérisation bifonctionnelle du n-heptane.

Les catalyseurs zéolithiques bifonctionnels sont alors utilisés dans différentes réactions de traitement des charges lourdes du pétrole : isomérisation [43] bien sûr, mais aussi hydrocraquage [44] ou hydrotraitement [45].

La fonction hydrogénante/déshydrogénante est apportée par un métal noble comme le platine, le rhodium ou le palladium, ou par un carbure comme Mo_2C.

L'introduction d'espèces sulfatées ou à base d'oxyde de tungstène à la surface de la zircone entraîne la formation de sites acides forts. Ainsi, le n-butane peut être isomérisé à température ambiante [46]. L'addition d'un métal possédant la fonction hydro/déshydrogénante permet d'obtenir des catalyseurs bifonctionnels actifs pour l'isomérisation des paraffines. D'après des études de Song [47], les propriétés des catalyseurs à base de zircone sulfatée dépendent beaucoup des méthodes de préparation et de prétraitement. D'après Iglesia *et al.* [48, 49], la vitesse d'isomérisation du *n*-heptane sur Pt/SO$_x$-ZrO$_2$ augmente avec la pression partielle d'hydrogène mais est faiblement affectée par la variation de la pression partielle d'heptane. Ces observations diffèrent des catalyseurs bifonctionnels classiques où la vitesse de réaction augmente avec la pression partielle d'heptane et diminue avec la pression partielle d'hydrogène. De même, Commelli *et al.* [50] ont montré que l'activité du catalyseur Pt/SO$_4^{2-}$-ZrO2 en hydroconversion du *n*-hexane augmente avec la pression totale et avec la pression partielle d'hydrogène. Le mécanisme d'isomérisation est donc différent sur des catalyseurs à base de zircone sulfatée. Lorsque de l'adamantane (donneur d'hydrure) est ajouté à la charge, la vitesse de réaction augmente et l'isomérisation est favorisée par rapport au craquage menant ainsi à une meilleure sélectivité [48, 49]. Iglesia *et al.* en ont alors conclu que l'étape déterminant la vitesse était une étape de transfert d'hydrure et que le mécanisme ne mettait pas en jeu d'intermédiaire oléfinique. L'inconvénient majeur de ces supports est leur désactivation rapide [51].

Comme alternative à ce genre de support, la zircone tungstène WO$_x$/ZrO$_2$ a été montrée comme active lors de l'isomérisation des alcanes de 4 à 8 atomes de carbone [52, 53, 54]. Même si les zircones tungstène sont moins actives que les zircones sulfatées, elles sont plus stables à haute température et sous atmosphère réductrice. Knözinger *et al.* [55] ont montré que l'acidité de Lewis et de Brönsted était améliorée lorsque la quantité de tungstène augmentait. Dans cette même étude, il a été montré que ce catalyseur pouvait isomériser le *n*-pentane à 250°C.

La forte activité des catalyseurs à base de zircone modifiée les rend intéressants pour l'hydroconversion des paraffines. Cependant, les étapes de préparation et de prétraitement sont des étapes clés à bien maîtriser pour obtenir un matériau performant.

1. 3. 2 Les catalyseurs massiques : les carbures et nitrures des métaux de transition

Comme nous l'avons vu dans le paragraphe précédent, les carbures et nitrures des métaux de transition sont des alternatives aux métaux nobles. Cependant, de faibles quantités d'oxygène sont suffisantes pour entraîner l'apparition de sites acides capables d'isomériser l'alcane et permettre ainsi de former des catalyseurs bifonctionnels. C'est la méthode la plus employée. Elle consiste en un traitement sous oxygène à haute température après carburation [56, 57]. Une autre méthode pour former des carbures bifonctionnels peut être utilisée : il s'agit de conserver l'oxygène initialement présent dans le matériau précurseur. D'après les travaux de Green [39] et Ledoux [38], l'utilisation d'un agent carburant ayant une chaîne carbonée de plus en plus longue permet de diminuer la température de carburation et ainsi de conserver l'oxygène présent dans le matériau précurseur et par conséquent de former une phase acide. Pham [58] a montré que l'utilisation de l'éthane comme agent carburant permettait de carburer un précurseur de tungstène à basse température et ainsi de conserver des sites W-OH responsables de l'acidité des matériaux. Il s'agit dans cette méthode non pas de recréer l'acidité après une carburation totale, mais de carburer suffisamment pour avoir une fonction métallique tout en conservant une partie de l'oxygène initialement présent et donc l'acidité.

De nombreux nitrures et carbures de molybdène et de tungstène ont été étudiés. Mo_2C, Mo_2N, W_2C, W_2N [15, 58, 59]. Mo_2C isomérise l'heptane à 350°C selon un mécanisme monofonctionnel métallique. Les nitrures de molybdène et de tungstène sont des matériaux bifonctionnels, mais ils se désactivent beaucoup au cours du temps de travail sous flux réactif. W_2C présente quant à lui une bonne bifonctionnalité. Pham [58] a étudié la cinétique de transformation du n-heptane sous pression modérée d'hydrogène afin de limiter la désactivation du catalyseur.

De nombreux catalyseurs ont été étudiés en isomérisation du n-heptane. Les plus répandus, du fait de leur activité, sont les métaux nobles supportés sur une zéolithe. Le développement de nouveaux supports acides comme les zircones modifiées a permis d'élargir le champ de recherche. Cependant, les propriétés de ces solides sont très dépendantes du mode de préparation. Les carbures des métaux de transition peuvent être utilisés comme matériaux bifonctionnels grâce à leur acidité qui peut être soit recréée soit conservée.

19

1. 4. L'acidité sur les solides

De nombreux solides sont susceptibles de fournir de l'acidité. C'est pourquoi de nombreuses méthodes physico-chimiques ont été mises au point pour mesurer cette acidité.

L'une des premières techniques est une méthode par titrage, avec utilisation des indicateurs de Hammett. L'inconvénient de cette méthode est qu'elle nécessite d'être mise en œuvre en solution [60].

Les spectroscopies infrarouge (IR) et Raman sont utilisées pour déterminer l'acidité des solides par l'étude de molécules sondes adsorbées [61, 62]. La spectroscopie IR est une méthode puissante puisqu'elle permet de voir directement les groupes hydroxyles et par conséquent de voir lesquels interagissent avec les molécules basiques, lesquels sont de type Brönsted, et si les sites acides sont accessibles ou non aux molécules basiques de différentes tailles. En principe, la concentration des groupes hydroxyles, et donc la concentration des sites acides de Brönsted, peut être obtenue grâce à l'intensité de la bande correspondante. Cependant, pour avoir une estimation quantitative, les coefficients d'extinction des différents types d'hydroxyles contribuant à ladite bande doivent être connus ; ceci est rarement possible. L'autre inconvénient de ces méthodes spectroscopiques réside dans les conditions de travail. En effet, elles sont en général loin des conditions de la réaction catalytique, que ce soit en température ou en pression, ce qui amène à se poser la question de savoir si ces études par spectroscopie sont bien révélatrices de ce qui se passe à la surface en conditions catalytiques.

Les avancées techniques de la résonance magnétique nucléaire (RMN) ont permis d'améliorer la capacité de cette technique pour l'étude des sites acides dans les solides acides.

Le nombre de sites acides ainsi que leur force relative peuvent être mesurés par RMN du proton à l'angle magique (H-MAS-RMN). Cependant, les limites de détection sont basses : il faut au moins 10^{18} protons pour qu'ils soient détectés, et étant donné la quantité de solide mis dans une cellule de RMN, il faut nécessairement des solides acides qui contiennent beaucoup de sites acides. Cette technique a largement été appliquée à l'étude des zéolithes.

Delannoy *et al.* [63, 64] ont utilisé la conversion de l'isopropanol (ou propan-2-ol) pour étudier l'acidité de surface sur un carbure de tungstène WC. La réaction de déshydratation de l'isopropanol en propène ou diisopropyléther (DIPE) nécessiterait la présence de sites acido-basiques, alors que la réaction de déshydrogénation amenant à la formation d'acétone ferait intervenir des sites acides et basiques. L'inconvénient majeur de cette méthode est qu'elle ne permet pas de différencier les sites acides de Lewis des sites acides de Brönsted.

Le craquage d'alcanes, comme le cumène [65] par exemple, peut être utilisé pour mesurer la quantité de sites acides de Brönsted. Cependant, cette technique ne permet pas de quantifier les sites de Lewis et elle ne permet pas non plus d'accéder à la force des sites acides.

La technique la plus employée concerne l'adsorption-désorption en température programmée de molécules sondes basiques volatiles. Un excès de base aminée est adsorbé à la surface du solide, et ce qui est considéré comme physisorbé part grâce à une évacuation prolongée. Tout ce qui reste à la surface est alors compté comme chimisorbé irréversiblement à la température de l'adsorption et mesure le nombre total de sites acides. La force acide peut être déterminée par des mesures calorimétriques (chaleur d'adsorption pour différentes bases) ou par désorption en température programmée (TPD) de la base pré-adsorbée.

Les bases les plus couramment utilisées sont l'ammoniac et la pyridine. Leur utilisation repose sur des équilibres acido-basiques. Ces molécules sont susceptibles d'accepter un proton, et en même temps leur doublet électronique qui peut intervenir dans la formation d'une liaison. Ces molécules basiques interagissent à la surface des matériaux selon des modes identiques. La TPD de NH_3 a été très largement utilisée pour mesurer l'acidité des solides. Cependant, il faut aussi considérer que cette procédure peut être trompeuse si l'ammoniac se dissocie en NH_2^- et H^+ qui sont adsorbées à la fois sur les sites acides et sur les sites basiques ; ceci dépend du type de solide et des conditions d'adsorption. Juskelis *et al.* [66] ont montré que CaO, même si ce solide est basique, adsorbe NH_3 mais en plus, l'ammoniac est fortement retenu à la surface même à haute température. Les amines sont reconnues comme plus appropriées que l'ammoniac pour la mesure de l'acidité par TPD. Selon Corma [59], le choix de l'amine sonde est très important puisque certaines amines se décomposent sur des sites acides forts. La pyridine est une molécule fréquemment utilisée. C'est une base encore plus faible que l'ammoniac. Elle s'adsorbe ainsi sélectivement sur les sites acides les plus forts. La différence entre les deux molécules réside dans leur dimension qui peut influencer :

- les quantités adsorbées ou désorbées
- la nature des sites. En effet, sur Cr_2O_3 la pyridine ne permet de détecter qu'un seul type de site acide de Lewis, alors que l'ammoniac permet d'en détecter deux. Sur une zéolithe, la pyridine ne permet pas toujours de faire la différence entre les sites acides de Lewis et les sites acides de Brönsted
- l'accessibilité aux différents sites. La taille de la pyridine interdit son accès aux petits pores dans les zéolithes.

L'utilisation de la pyridine a des limites. En effet, le fait qu'elle s'adsorbe sur des sites acides forts peut empêcher de voir les autres sites.

Enfin, ce genre de technique est souvent couplé à l'infrarouge. Il apparaît évident que les conditions expérimentales de l'IR sont très lointaines de celles utilisées lors de la réaction catalytique (température, pression).

D'autres amines ont été étudiées. Parrillo *et al.* [67] ont étudié l'adsorption-désorption d'amines à courte chaîne carbonée sur des zéolithes. Les amines étudiées sont la méthylamine, l'isopropylamine, l'éthylamine, la propylamine... L'idée de cette équipe est de justement se servir de ces transformations des amines sur les sites acides forts. En effet, si l'amine est adsorbée sur un site acide de Lewis, alors elle désorbe sous forme d'amine initiale, sans avoir subi de modification (craquage). En revanche, si elle est adsorbée sur un site acide de Brönsted, alors elle désorbe en ayant été craquée. L'équipe a pu dénombrer les sites acides de Brönsted et les sites acides de Lewis [68]. Leur méthode est la suivante : ils utilisent l'analyse thermogravimétrique (ATD-ATG) qui est une technique quantitative pour compter les sites. Ils couplent l'ATD-ATG avec un spectromètre de masse pour identifier la nature des sites. Cependant, les conditions de pression sont telles (10 torr) et la remise à l'air lors de l'introduction du catalyseur dans la balance font qu'elles ne sont pas adaptées à l'étude des catalyseurs dans les conditions les plus proches possibles de la réaction catalytique.

Sur les carbures, Schwartz *et al.* ont utilisé la méthode d'adsorption-désorption d'amine à petite chaîne carbonée [24]. Ils ont utilisé l'éthylamine et ont corrélé la quantité de cette amine convertie avec la vitesse de réaction d'HDN (hydrodésazotation) sur différents carbures de molybdène et de niobium. L'équipe n'a pas fait de quantification nette des sites acides.

De très nombreuses méthodes sont utilisées pour mesurer l'acidité sur les solides. Cependant, aucune méthode ne permet de quantifier les sites acides dans les conditions les plus proches possibles de la catalyse afin de déterminer quels sont les sites qui travaillent réellement. Il semble cependant que la technique d'adsorption-désorption d'amines soit la plus prometteuse. Pour l'instant, elle a été développée uniquement dans le cas des zéolithes et dans des conditions lointaines des conditions de la réaction catalytique.

Références bibliographiques

[1]   F.D. Rossini, Journal of the Institute of Petroleum (1972) **58**, 279.

[2]   J.R. Anderson et M.R Avery, J. Catal. (1966) **5**, 446.

[3]   F.H. Ribeiro, R.A. Dalla Betta, M. Boudart, J. Baumgartner et E. Iglesia J. Catal.,
      (1991) **130**, 498.

[4]   Y. Barron, G. Maire, D. Cornet et F.G. Gault, J. Catal. (1963) **2**,152.

[5]   Y. Barron, G. Maire, J.M. Muller et F.G. Gault, J. Catal. (1966) **5**, 428.

[6]   F.G. Gault, Adv. Catal., (1981) **30**, 1.

[7]   F.G. Gault, V. Amir-Ebraimi, F. Garin, Bull. Soc. Chim. Belg. (1979) **88**, n°7-
      8, 475.

[8]   F. Garin et F.R. Gault, J. Amer. Chem. Soc. (1975) **97**, 4466.

[9]   G. Maire et F. Garin, J. Catal. (1988) **48**, 99.

[10] W.R. Patterson et J.J. Rooney, Catal. Today (1992) **12**, 113.

[11] F. Garin Actes 2ème Coll. Franco-Maghreb. Catal-Sidi Fredj (1992) **1**,143.

[12] J.H. Sinfelt, H. Hurwitz et J.C. Rohrer, J. Phys. Chem. (1960) **64**, 892.

[13] P.B. Weisz, Adv. Catal. (1962) **13**, 137.

[14] M. J. Ledoux, J. Guille, C. Pham-Huu, E. A. Blekkan et E. Peschiera, Eur. Pat.
      Appl. (1993) n° 93-14199.

[15] P. Perez-Romo, thèse Université Pierre et Marie Curie 1999.

[16] A. Patrigeon, thèse Université Montpellier II, 2000.

[17] L. Volpe and M. Boudart, J. Sol. State Chem. (1985) **59**, 348.

[18] A. Frennet, G. Leclercq, L. Leclercq, G. Maire, R. Ducros, V. Keller, M.
      Cheval et F. Garin, in Proc. 10th Int. Congr. Catal., Budapest 1992, J.
      Guczi et coll. (éds.), Elsevier, Amsterdam, 927 1993.

[19] J. S. Lee, S. T. Oyama et M. Boudart, J. Catal. (1986) **106**, 125.

[20] M. J. Ledoux, C. Pham-Huu, Catal. Today (1992) **15**, 263.

[21] C. Bouchy, C. Pham-Huu, B. Heinrich, C. Chaumont, and M.J. Ledoux, J. Catal. (2000) **190**, 92.

[22] D. Mordenti, D. Brodzki, G. Djéga-Mariadassou, J. Sol. State Chem. (1998) **141**, 114.

[23] L. Leclercq, M. Provost, H. Pastor, J. Grimblot, A. M. Hardy, L. Gengembre and G. Leclercq, J. Catal. **117** (1989), 371.

[24] V. Schwartz, V. Teixeira da Silva and S. T. Oyama, J. Mol. Cat. A (2000) **163**, 251.

[25] T. Xiao, H. Wang, A. P. E. York, V. C. Williams and M. L. H. Green, J. Catal. (2002)   **211**, 183.

[26] M. Boudart, S. T. Oyama, L. Leclercq Proc. 7th Int. Cong. Catal., Tokyo (1980) **1**.

[27] I. Kojima, E. Miyazaki, Y. Inoue, I. Yasumori, J. Catal. (1982) **73**, 128.

[28] G. S. Ranhotra, A. T. Bell et J. A. Reimer, J. Catal. (1987) **108**, 40.

[29] J. S. Lee, M. H. Yeom, K. Y. Park, I-S. Nam, J. S. Chung, T. G. Kim et S. H. Moon, J. Catal. (1991) **128**, 126.

[30] M. Saito, R. B. Anderson, J. Catal. (1980) **63**, 438.

[31] J. S. Lee, S. Locatelli, S. T. Oyama et M. Boudart, J. Catal. (1990) **125**, 157.

[32] F. H. Ribeiro, R. A. Dalla Betta, M. Boudart, J. Baumgartner, E. Iglesia, J. Catal. (1991) **130**, 86.

[33] B. Vidick, J. Lemaitre et L. Leclercq, J. Catal. (1986) **99**, 439.

[34] P. Da Costa, C. Potvin, J.-M. Manoli, B. Genin and G. Djéga-Mariadassou, Fuel (2004) **83**, 1717.

[35] Amélie Hynaux, thèse Paris VI (2005).

[36] F. H. Ribeiro, R. A. Dalla Betta, M. Boudart, J. Baumgartner, E. Iglesia, J. Catal. (1991) **130**, 498.

[37] E. Iglesia, J. Baumgartner, F. H. Ribeiro et M. Boudart, J. Catal. (1991) **131**, 523.

[38] C. Pham-Huu, M. J. Ledoux et J. Guille, J. Catal. (1993) **143**, 249.

[39] L. H. Green in "Hydrotreatment and Hydrocracking of Oil Fractions" (G. F. Froment, B. Delmon, et P. Grange, Eds), Elsevier Science (1997), 485.

[40] A. Katrib, P. Leflaive, L. Hilaire et G. Maire, Catal. Letters (1996) **38**, 95.

[41] T. Matsuda, H. Shiro, H. Sakagami et N. Takahashi, Catal. Letters (1997) **47**, 99.

[42] Christine Travers, Communication personnelle.

B. Ducourty, G. Szabo, J. P. Dath, J. P. Gilson, J. M. Goupil and D. Cornet, Applied   Catal. A (2004) **269**, 203.

[43] P. Raybaud, A. Patrigeon and H. Toulhoat, J. Catal. (2001) **197**, 98.

[44] J. M. Grau and J. M. Parera, Appl. Catal. A (1993) **106**, 27.

[45] A. Corma, M. I. Vazquez, A. Bianconi, A. Clozza, J. Garcìa, O. Pallota and J. M. Cruz, Zeolites (1988) **8**, 464.

[46] M. Hino, S. Kobayashi, K. Arata, J. Am. Chem. Soc. (1979) **101**, 6439.

[47] X. Song, A. Sayari, Catal. Rev.-Sci. Eng. (1996) **38**, 329.

[48] E. Iglesia, D. G. Barton, S. L. Soled, S. Miseo, J. E. Baumgartner, W. E. Gates, G. A. Fuentes, G. D. Meitzner, Stud. Surf. Sci. Catal. (1996) **101**, 533.

[49] E. Iglesia, S. Soled L. and G. M. Kramer, J. Catal. (1993) **144**, 238.

[50] R. A. Commelli, Z. R. Finelli, S. R. Vaudagna, N. S. Figoli, Catal. Letters (1997) **45**, 227.

[51] J. C. Yori, J. C. Luy, and J. M. Parera, Catal. Today (1989) **5**, 493.

[52] M. Hino, K. Arata, J. Chem. Soc., Chem. Commun (1988), 1259.

[53] K. Arata, M. Hino, Proc. Int. Congr. Catal. (1988) **9**, 1727.

[54] J. G. Santiesteban, D. C. Calabro, W. S. Borghard, C. D. Chang, J. C. Vartuli, Y. P. Tsao, M. A. Natal-Santiago and R. D. Bastian, J. Catal. (1999) **183**, 314.

[55] M. Scheithauer, T.-K. Cheung, R. E. Jentoft, R. K. Grasselli, B. C. Gates and H. Knözinger, J. Catal. (1998) **180**, 1.

[56] Fabio H. Ribeiro, Michel Boudart, Ralph A. Dalla Betta and Enrique Iglesia, J. Catal. (1991) **130**, 498.

[57] Fabio H. Ribeiro, Ralph A. Dalla Betta, Michel Boudart, Joseph Baumgartner and Enrique Iglesia, J. Catal. (1991) **130**, 498.

[58]   Thi Lan Huong Pham, thèse Paris VI (2002).

[59]   Sophie Sellem Piro, Thèse Paris VI (1996).

[60]   A. Corma, Chem. Rev. (1995) **95**, 559.

[61]   W. N. Delgass, G. L. Haller, R. Kellerman, J. H. Lunsford, Spectroscopy in Heterogeneous Catalysis ; Academic press : New York, 1979.

[62]   Anderson, M. W. ; Klinowski, J. Zeolites (1986) **6**, 455.

       Gilles Berhault, Michel Lacroix, Michèle Breysse, Françoise Maugé, Jean-Claude Lavalley, Hong Nie and Lianglong Qu, J. Catal.(1998) **178**, 555.

       Mohamed Waqif, Jean Bachelier, Odette Saur and Jean-Claude Lavalley, J. Mol. Cat.   (1992) **72**, 127.

[63]   Laurent Delannoy, Thèse Université de Lille I (2000).

[64]   L. Delannoy, J.-M. Giraudon, P. Granger, L. Leclercq and G. Leclercq, J. Catal. (2002) **206**, 358.

[65]   P. Tian, J. Blanchard, K. Fajerwerg, M. Breysse, M. Vrinat and Z. Liu, Micro. Meso. Mater. (2003), **60**, 197.

[66]   M. V. Juskelis, J. P. Slanga, T. G. Roberie and A. W. Peters, J. Catal. (1992) **138**, 391.

[67]   D. J. Parrillo, A. T. Adamo, G. T. Kokotailo and R. J. Gorte., Appl. Catal. (1990) **67**, 107.

[68]   Parrillo D. J., Fortney J. P. and Gorte R. J., J. Catal. (1995) **153**, 190.

Chapitre 2

Techniques expérimentales

2.1. Dispositif expérimental pour la synthèse des catalyseurs

Le précurseur (1-1,2g) est placé dans un réacteur en lit traversé, en quartz de 250 mm de longueur, de 25 mm de diamètre et équipé d'un fritté de porosité zéro situé en bas du réacteur. Il est balayé par un mélange éthane/hydrogène lors de la carburation. Les différents débits de gaz réactifs sont mesurés à l'aide de débitmètres massiques Brooks 5850 TR. Un programmateur-régulateur de température Eurotherm 818 P permet de réaliser des préparations en programmation linéaire de température. La température est mesurée à l'aide d'un thermocouple Chromel-Alumel type K Thermocoax qui est positionné au cœur du matériau par l'intermédiaire d'un puits thermométrique. A l'issue de la réaction on effectue une trempe du système jusqu'à température ambiante, puis le catalyseur subit une étape de passivation, 1 heure sous 1% d'oxygène dans l'argon, avant remise à l'air.

2. 2. Analyse chimique élémentaire

Les analyses chimiques élémentaires permettent de déterminer les teneurs massiques en molybdène, tungstène, carbone et oxygène des catalyseurs préparés. Elles ont été réalisées au Centre d'Analyses du Centre National de la Recherche Scientifique de Vernaison.

Dans le cas du dosage délicat de l'oxygène qui nécessite d'être réalisé à l'abri de l'air, les échantillons subissent, après passivation, un traitement en deux étapes :

- chauffage sous hydrogène à 500°C pendant 3 heures, avec une vitesse de chauffage de 60°C/h

- puis traitement sous vide à 400°C pendant 1 heure avec une rampe de montée en température de 150°C/h, et une descente à la température ambiante avec une vitesse de 200°C/h.

Le solide est ensuite transféré dans une ampoule soudée latéralement au réacteur. L'ampoule contenant le catalyseur est alors scellée sous vide à température ambiante. Le service d'analyses ouvre l'ampoule en atmosphère d'argon et les produits sont analysés.

2. 3. Analyse radiocristallographique

Cette technique permet d'accéder à une première identification des composés par comparaison avec les fiches éditées par le Joint Committee on Power Diffraction Standards (JCPDS). Elle permet aussi la détermination du paramètre de maille. Tous les échantillons ont été systématiquement étudiés.

Les diagrammes de poudre sont enregistrés à l'aide d'un diffractomètre SIEMENS D 500 automatisé et équipé d'une anticathode en cuivre. La radiation Kα du cuivre est utilisée ainsi qu'une tension d'accélération de 30 kV. Les diffractogrammes sont en général enregistrés entre 5° et 100° en 2θ.

2. 4. Microscopie électronique

Les clichés ont été réalisés au Service de Microscopie électronique du Groupement Régional de Mesures Physiques de l'Université Pierre et Marie Curie.

L'appareil utilisé est un JEOL JEM 100 CXII (figure 2.1) Top Entry. L'échantillon est broyé et dispersé par ultrasons dans un solvant inerte approprié (l'éthanol dans notre cas). Une gouttelette de la solution est ensuite déposée sur une grille de cuivre recouverte d'un film carboné assurant une bonne conductivité électrique. Cette analyse nous permet d'avoir des informations sur la morphologie des matériaux, et elle conduit, par diffraction des électrons, à l'identification des différentes phases, parallèlement à la diffraction des rayons X.

Un second microscope de type JEOL 2010 UHR (200kV) est équipé d'un analyseur (PGT Imix-PC). Le spectromètre utilise un détecteur par dispersion d'énergie (EDX : Energy Dispersive X-rays analysis) constitué d'un monocristal de silicium dopé au lithium avec une fenêtre ultra-mince permettant de détecter les éléments relativement légers ($Z>11$). On peut ainsi effectuer des microanalyses en plusieurs points d'un même cristal pour identifier les éléments et vérifier l'homogénéité de la composition d'un cristal. Les zones analysées correspondent à un cercle d'environ 100 nm de diamètre.

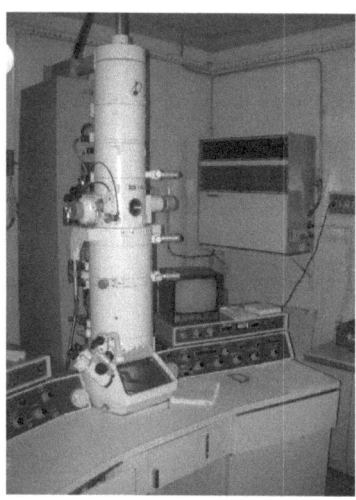

Figure 2.1 : Microscope électronique JEOL JEM 100 CXII Top Entry.

2. 5. Mesure de la surface spécifique BET

La mesure de surface, en régime dynamique, a été effectuée par un appareil Quantachrome-Quantasorb Jr. Après dégazage à 300°C du catalyseur sur l'appareil, la quantité d'azote, adsorbée ou désorbée, est détectée par un catharomètre, puis comptabilisée grâce à un intégrateur. Les mesures de surface sont réalisées pour trois pressions relatives Pi d'azote dans l'hélium : 0,1 ; 0,2 ; 0,3 (domaine de validité pour la méthode BET 0,05<Pi<0,35). Le catalyseur est continuellement balayé par le mélange N_2/He choisi. L'adsorption s'effectue à 77K dans de l'azote liquide et la désorption à la température ambiante. Pour chaque mélange, une calibration d'un volume connu d'azote est réalisée. La mesure de la surface spécifique est basée sur la quantité d'azote désorbée, aux différentes pressions relatives en appliquant le méthode de Brunauer, Emmett et Teller.

2. 6. Chimisorption de CO en régime dynamique

La chimisorption de CO permet le comptage des sites métalliques d'un catalyseur. En effet, le CO s'adsorbe chimiquement et sélectivement sur les atomes de métal en formant une monocouche. Il existe une relation simple entre le nombre de molécules de gaz chimisorbé et le nombre de sites métalliques accessibles superficiellement. Aux basses pressions de CO, on admet qu'une molécule chimisorbée correspond à un site métallique.

La chimisorption de CO a été mesurée à température ambiante et pression atmosphérique. La mesure a été effectuée en régime dynamique dans un dispositif adoptant une méthode pulsée, associée à un détecteur catharométrique. Le réacteur, isolable par deux robinets, est transféré sur le bâti de mesure à l'issue de la synthèse ou du prétraitement. Ainsi la chimisorption peut se dérouler sans contamination par l'oxygène. Avant chaque mesure, un système de vannes permet de vider puis de remplir par de l'hélium l'interface réacteur-canalisation du système de chimisorption de CO. Les débits de gaz (CO, He) sont réglés par des débitmètres à bille Brooks de type Sho-rate ou des régulateurs de débit Brooks 8744.

Le principe de la mesure de chimisorption consiste à envoyer, à intervalles réguliers, une quantité connue de CO (Air Liquide, 99,997%) sur le catalyseur par l'intermédiaire d'un gaz vecteur (He) grâce à une vanne d'injection automatique. Cette vanne est dotée de deux boucles d'injection de 0,5 cm^3. Le catharomètre détecte la quantité de CO non adsorbé par le catalyseur. Lorsque la surface de l'échantillon est saturée, le pic enregistré correspond exactement à la quantité de molécules de CO dans la boucle d'injection. L'aire des pics de CO non chimisorbé est mesurée à l'aide d'un intégrateur HP 3390A et un programme informatique COSORB est utilisé pour calculer la quantité de CO adsorbé à la surface. Le mode de calcul est détaillé dans l'annexe I.

2. 7. Spectroscopie de photoélectrons induits par rayons X

Les spectres XPS ont été enregistrés à l'Université de Chungbuk en Corée par le Professeur Shin.

L'échantillon est bombardé par un faisceau monochromatique de photons X provenant de l'émission Kα de l'anode en Mg (hv = 1253,6 eV) d'un spectromètre de type VG Scientific ESCALAB 210. Sous l'effet de l'impact, les électrons de cœur des différents éléments sont émis et analysés en nombre et en énergie par un détecteur multicanaux (channeltron). Avec le spectromètre utilisé, le faisceau de photons X est focalisé sur une zone d'environ 600 mm de diamètre qui correspond à la zone effectivement analysée. Toute la partie de l'appareil parcourue par les électrons est sous vide poussé ($\approx 10^{-7}$ Pa) pour éviter la diffusion des électrons par les molécules d'air et la contamination des échantillons.

Avant les mesures XPS et afin d'obtenir des profils en profondeur, des bombardements par des ions argon pendant un temps variable ont été effectués. La mesure après chaque bombardement a été enregistrée. Les spectres des échantillons avant bombardement ont aussi été enregistrés.

Dans l'ajustement des bandes du molybdène et du tungstène par moindres carrés, les contraintes suivantes ont été introduites :

- distances entre les pics du doublet $Mo3d_{5/2}$-$Mo3d_{3/2}$ de 3,2 eV et un rapport d'intensité $I(3d_{5/2})/I(3d_{3/2}) = 3/2$
- distances entre les pics du doublet $W4f_{7/2}$-$W4f_{5/2}$ de 2,15 eV et un rapport d'intensité $I(W4f5_{/2})/I(W4f7_{/2}) = 6/8$
- même largeur à mi-hauteur pour les pics correspondant à un même degré d'oxydation du métal considéré.

La décomposition des spectres en leurs différentes composantes, ainsi que la répartition des éléments en fonction de leur nombre d'oxydation, a été effectuée à l'aide du programme WINSPEC aimablement fourni par le Laboratoire Interdépartemental de Spectroscopie Electronique (LISE) Facultés Universitaires N.D. PAIX, Namur (Belgique).

2. 8. Adsorption-désorption d'amines primaires à petite chaîne carbonée : mesure de l'acidité

Le protocole expérimental est le même, quels que soient les matériaux étudiés. Il comprend trois étapes : une phase de prétraitement, une étape d'adsorption et une phase de désorption. Le schéma du test d'adsorption-désorption est représenté sur la figure 2.2.

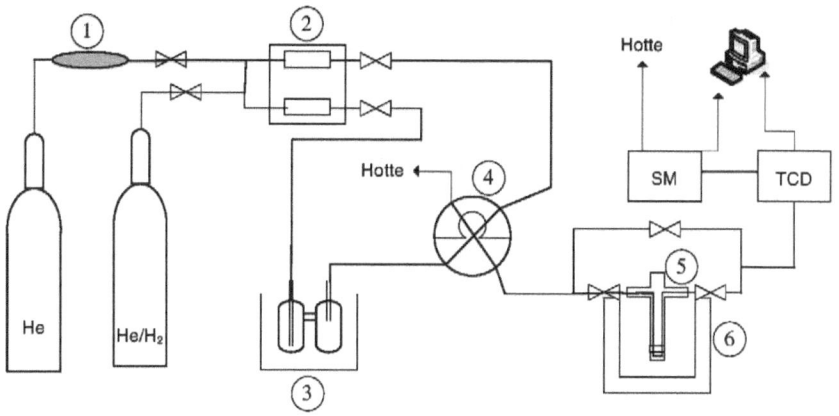

Figure 2.2 : Schéma du test d'adsorption-désorption d'amine (1-déoxo, 2-débitmètres massiques, 3-saturateur-condenseur, 4-vanne d'injection 6 voies contenant une boucle échantillon de 50µL, 5-réacteur, 6-four)

- Phase de prétraitement :

L'échantillon subit le même prétraitement préalable à la catalyse : 60°C/h jusqu'à 500°C, suivi d'un palier de 3 heures. Le conditionnement a lieu sous un courant de gaz (He/H$_2$ 50/50 volume). Les masses d'échantillon utilisées varient entre 200 et 300 mg pour les carbures. Ce traitement a pour but de désorber de la surface toutes les espèces adsorbées.

- Phase d'adsorption :

Elle se fait à 100°C. Un courant de gaz (2 mL/min) bulle dans un saturateur contenant l'amine, puis arrive dans une boucle échantillon de 50 µL. Grâce à une vanne automatique, une quantité connue d'amine est alors injectée par pulse sur l'échantillon qui, lui, est balayé par un courant de gaz à 40 mL/min. Un TCD permet l'enregistrement des pics d'amine n'ayant pas été adsorbée par le catalyseur. Par différence entre la quantité d'amine injectée et la quantité d'amine non adsorbée, on connaît la quantité d'amine qui a été adsorbée sur le catalyseur. Une purge sous courant gazeux est effectuée pendant 10 minutes afin d'éliminer l'amine éventuellement physisorbée à la surface.

34

- Phase de désorption :

La thermodésorption est effectuée sous le même balayage gazeux que celui utilisé pour l'adsorption. Le débit de gaz reste identique (40 mL/min). La programmation de température est linéaire : la vitesse de chauffage est de 5°C/min jusqu'à 500°C.

Un spectromètre de masse (HIDEN HPR20) est connecté en sortie de TCD afin de déterminer la nature des produits sortants. Chaque amine utilisée a été passée sur le spectromètre de masse afin de connaître son spectre de masse et d'en sélectionner une.

Les masses suivantes ont été enregistrées :

-m/e = 16 et 17 pour NH_3

-m/e = 41 et 42 pour la partie hydrocarbonée

-m/e = correspondant à l'amine utilisée (59 pour l'isopropylamine).

Après avoir testé plusieurs amines, notre choix s'est porté sur l'isopropylamine comme molécule sonde.

Le détail des calculs est donné en annexe II.

2.9. Le test catalytique : isomérisation du *n*-heptane à pression atmosphérique

Le catalyseur est constamment balayé par un courant d'hydrogène (gaz porteur) et d'heptane. L'hydrogène est purifié par une cartouche Deoxo qui transforme l'oxygène résiduel en eau, suivi d'un tamis moléculaire qui piège l'eau ainsi formée. Le réacteur, muni d'un puits thermométrique, est placé dans un four dont la température est régulée par un programmateur Eurotherm.

Le mélange réactionnel est envoyé vers deux chromatographes en phase gazeuse HP 5890 série II, équipés de détecteurs FID. Une vanne d'injection automatique 6 voies à 150°C met en communication une boucle échantillon avec le circuit chromatographique (figure 2.3). La séparation des produits est effectuée soit par une colonne capillaire Al_2O_3/KCl, soit par une colonne PONA. Dans les deux cas,

35

le gaz vecteur est l'hélium. La colonne Al$_2$O$_3$/KCl permet une très bonne séparation des alcanes et oléfines ayant moins de sept atomes de carbone et la colonne PONA a été utilisée afin de bien distinguer tous les isomères ayant sept atomes de carbone. Les composés intervenant dans la réaction sont identifiés sur les chromatogrammes par leur temps de rétention. Le détecteur étant à ionisation de flamme, la surface des pics chromatographiques est proportionnelle à la quantité du produit correspondant et au nombre d'atomes de carbone le constituant.

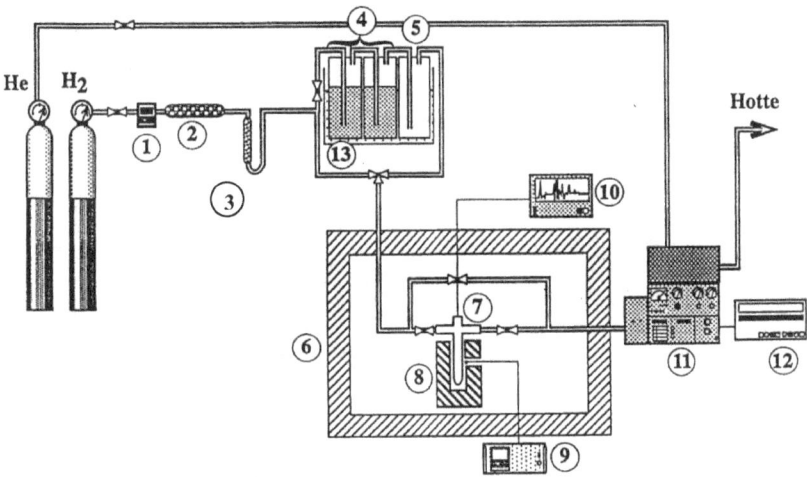

Figure 2.3 : Schéma du test catalytique pour les réactions de transformation du *n*-heptane (1-régulateur de débit, 2-déoxo, 3-piège à zéolithe, 4-saturateur, 5-condenseur, 6-enceinte thermostatée, 7-réacteur, 8-four, 9-régulateur-programmeur de température, 10-enregistreur de température, 11-chromatographe, 12-intégrateur, 13-bain thermostaté.

Les conditions d'analyse sont les suivantes :

      Température de l'injecteur avec division (SPLIT) : 200°C

      Température du détecteur : 250°C

      Pour la colonne Al$_2$O$_3$/KCl, la température du four varie de 80 à 200°C

Pour la colonne PONA, la température du four varie linéairement de 40 à 300°C

Le *n*-heptane est entraîné par le gaz porteur hydrogène (Air liquide, qualité U) traversant un saturateur-condenseur, la pression partielle est fixée par la température du bain thermostaté. Afin d'éviter toute condensation, le circuit, dans lequel circulent les gaz hors chromatographe, est maintenu à une température comprise entre 50°C et 80°C grâce à des cordons chauffants.

La masse de catalyseur introduite dans le réacteur est comprise entre 200 et 750 mg sous forme de poudre. Les matériaux subissent un prétraitement sous H_2 à 500°C selon la programmation de température suivante : montée de la température ambiante jusqu'à 500°C, à 60°C/h, palier de 3 heures, puis descente jusqu'à la température de réaction (300°C) à 300°C/h, avec un débit d'hydrogène de 1L/h. Le prétraitement a pour but d'enlever les espèces adsorbées.

Les chromatographes sont reliés l'un à un intégrateur de type Agilent 3396 série III, l'autre à un micro-ordinateur équipé du logiciel Chemstation de H. P. Les composés sont identifiés par leur temps de rétention. Les calculs et l'exploitation des résultats (conversion catalytique, distribution des produits) sont effectués avec le programme EXCEL (Microsoft software). La conversion a été calculée de la manière suivante :

$$\text{Conversion du } nC_7 = \frac{(A_i - A_r)}{A_i} \times 100$$

A_i : Aire du *n*-heptane initial

A_r : Aire du *n*-heptane restant après passage sur le lit catalytique

Comme l'aire d'un pic est proportionnelle à la masse molaire de l'espèce i :

$$\text{Nombre de moles } (C_{ni}) = \frac{\text{Aire}}{\text{Facteur de réponse du } nC_7 \times \text{nombre d'atomes de carbone}}$$

$$\text{Sélectivité molaire (\%)} = \frac{\text{nombre de moles } C_{ni} \text{ dans le mélange obtenu}}{\text{nombre total de moles formées}}$$

Pour mettre en évidence les différents types de réactions intervenant, il est souvent plus intéressant de raisonner pour 100 moles de *n*-heptane converties.

$$\text{Sélectivité (\%)} = \frac{\dfrac{n_i}{7} C_{ni}}{nC_{7r}} \times 100$$

C_{ni} : nombre de moles de composés à n_i atomes de carbone

nC_{7r} : nombre de moles de n-heptane ayant réagi pour 100 moles de n-heptane converties

Le pourcentage d'isomérisation et craquage peut s'exprimer par :

$$\text{Isomérisation (\%)} = \frac{\sum C_{ni}}{nC_{7r}} \times 100$$

$$\text{Craquage (\%)} = \frac{\sum \dfrac{n_i}{7} C_{ni}}{nC_{7r}} \times 100$$

Le rendement (%) est le produit de la conversion par la sélectivité.

Chapitre 3

Synthèse et caractérisation physico-chimique des catalyseurs

Au cours de ce chapitre, nous allons décrire le mode de synthèse des catalyseurs bimétalliques qu'ils soient sous forme de mélanges mécaniques ou sous forme de mélanges mixtes.

La première partie concerne les mélanges mécaniques. Le but recherché est d'obtenir l'un des métaux sous forme de carbure pour assurer la fonction métallique, et de conserver sur l'autre métal de transition le maximum d'oxygène afin qu'il puisse assurer la fonction acide. Il s'agit donc de séparer les fonctions métallique et acide afin de mieux contrôler la balance entre les deux pour l'isomérisation bifonctionnelle du n-heptane.

Les matériaux mixtes feront l'objet de la seconde partie. C'est une phase unique qui est recherchée, formée par insertion de l'un des métaux dans la matrice de l'autre lorsqu'ils sont encore à l'état d'oxydes MoO_3 et WO_3.

Dans les deux cas, nous avons cherché à obtenir une surface spécifique satisfaisante.

Nous présentons, dans chaque cas, les principales caractéristiques physico-chimiques (analyse élémentaire, surface spécifique, quantité de sites acides et densité métallique, spectroscopie de photoélectrons X et microscopie électronique) obtenues dans les conditions les plus proches possible de leur utilisation en catalyse.

Partie 1 : Les mélanges mécaniques

3. 1. 1 Procédé de carburation

La carburation en température programmée (RTP) est une méthode de préparation qui consiste à mettre en contact le précurseur avec un courant de gaz réactif, dans un four où la température varie de manière programmée. Cette méthode, permettant d'avoir un meilleur contrôle de la transformation, a été développée par Volpe et Boudart [1] pour obtenir des matériaux possédant une grande surface spécifique.

Afin de diminuer la température de réaction, les oxydes précurseurs ont été carburés grâce à un mélange éthane/hydrogène. L'utilisation d'un agent carburant à longue chaîne carbonée devrait permettre de synthétiser un carbure de grande surface spécifique en diminuant la température de réaction [2, 3]. Ce mélange éthane/hydrogène, à basse température de carburation, doit permettre de conserver une grande quantité d'oxygène sur le catalyseur, et notamment sur le tungstène [4].

La température de carburation a été choisie de manière à avoir un carbure tout en conservant de l'oxyde, et ceci en évitant toute formation de métal. Les différentes phases ont été observées par diffraction des rayons X (DRX) sur poudre. Le molybdène et le tungstène, qu'ils soient sous forme oxyde ou carbure, cristallisent dans le même système. Il n'est donc pas facile de différencier les phases molybdène et tungstène par DRX. Cependant, l'oxyde de tungstène étant carburé à plus haute température que l'oxyde de molybdène, il est logique de penser que le molybdène est sous forme carbure et que le tungstène est resté sous une forme oxyde. Nous verrons par la suite que le carbure synthétisé est effectivement un carbure de molybdène Mo_2C et que l'oxyde de tungstène obtenu est WO_2.

Les catalyseurs étant hautement pyrophoriques, une étape de passivation a été nécessaire afin de pouvoir les remettre à l'air. Les catalyseurs répondent à une formule chimique de type $Mo_wW_xO_yC_z$, où le rapport w/x est connu dès la préparation du mélange d'oxydes.

Avant caractérisation, tous les catalyseurs ont subi un prétraitement identique à celui précédant la catalyse.

La synthèse utilisée s'est déroulée en deux étapes. Dans un premier temps, les oxydes de molybdène et de tungstène sont mélangés mécaniquement dans un mortier, avec les proportions désirées ; dans notre cas, nous avons étudié les rapports atomiques suivants : Mo/W = 1/4 ; 1 ; 3/4 de manière à faire varier la balance entre la fonction métallique et la fonction acide. De l'éthanol y est ajouté afin d'améliorer l'homogénéité du mélange [5], puis il est laissé à évaporer à température ambiante. Une fois que le mélange est sec, vient l'étape de carburation. Une quantité de 1 à 1,2 gramme de mélange est introduite dans un réacteur tubulaire en quartz. Le mélange réactif éthane/hydrogène (10%/90% en volume) est envoyé avec un débit total de 10 L/h. la température du four est augmentée linéairement de la température ambiante jusqu'à 600°C avec une montée en température de 60°C/h. Le mélange est laissé à la température finale pendant 2 heures. Une fois le palier de température terminé, le réacteur est rapidement refroidi à température ambiante (trempe). Le catalyseur est ensuite purgé par de l'argon pendant 10 minutes et 1% en volume de dioxygène est ajouté pendant une heure pour passiver le catalyseur.

3. 1. 2 Caractéristiques générales et identification des phases

Avant d'envoyer les échantillons en analyses chimiques, ils sont prétraités selon la méthode décrite dans le paragraphe 2. 2. 2.

Le tableau 3. 1. présente les principales caractéristiques des trois catalyseurs étudiés.

Rapport atomique Mo/W Formule chimique	Quantité de CO adsorbée (µmol/g)	Surface spécifique (m²/g)
1/4 $Mo_{0,25}WC_{0,7}O_{1,1}$	5	17
1 $MoWC_{0,5}O_{0,6}$	16	24
3 $Mo_3WC_{0,8}O_{0,6}$	20	17

Tableau 3. 1 : Principales caractéristiques des catalyseurs étudiés.

La chimisorption de CO a été effectuée après un prétraitement du catalyseur. Une masse comprise entre 0,3 et 0,5 gramme de catalyseur est mise dans un réacteur tubulaire en pyrex. Un courant d'hydrogène (1 L/h) est envoyé sur le matériau et la température est montée jusqu'à 500°C pendant 3 heures.

Plus la quantité de molybdène est grande (Mo/W croissant), plus la quantité de CO chimisorbé est grande, et par conséquent, la quantité de sites métalliques hydrogénants [6] est grande. Il apparaît donc que le molybdène est responsable de l'augmentation de la fonction hydrogénante : il doit donc se trouver sous forme de carbure. Cependant, l'augmentation du nombre de sites hydrogénants n'est pas proportionnelle à la quantité de molybdène dans le matériau. D'autre part, ramener la quantité de sites métalliques hydrogénants à une unité de surface n'a pas de sens puisque la surface respective des deux phases est inconnue.

Avant de mesurer la surface spécifique des matériaux, les échantillons sont traités comme suit : une masse comprise entre 0,3 et 0,5 gramme est introduite dans un réacteur. Un courant d'hélium est ajouté et le dégazage se fait à 300°C pendant 2 heures. L'adsorption de diazote se fait à la température de l'azote liquide (-196°C).

Les surfaces BET des trois catalyseurs sont du même ordre de grandeur (20 m^2/g), celle du catalyseur Mo/W = 1 étant légèrement supérieure.

Les catalyseurs, obtenus après carburation du mélange d'oxydes précurseurs, présentent deux phases (figure 3. 1).

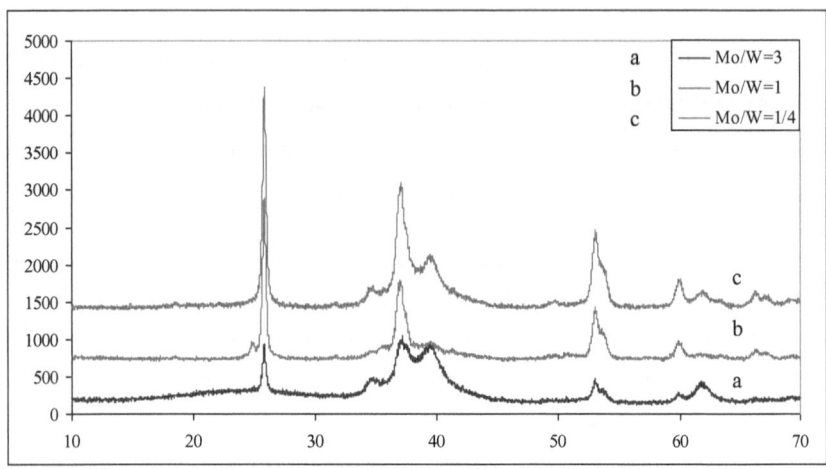

Figure 3. 1 : Diffractogrammes de rayons X sur poudre des trois catalyseurs

L'une des phases est bien cristallisée et représentée par des pics fins et l'autre est représentée par des raies larges et caractéristiques soit d'une phase mal cristallisée, soit de petites particules. La première phase, bien cristallisée, est monoclinique mais très proche d'une phase hexagonale. En effet, l'angle β vaut 118,2° (JCPDS n°32-1393) alors que dans une phase hexagonale il vaut 120°. La phase représentée par des raies larges correspond à une phase hexagonale. Etant donné que les oxydes de molybdène (MoO_2) et de tungstène (WO_2) cristallisent dans le même système cristallographique, il est impossible de savoir par diffraction des rayons X la nature de chacune des deux phases. Il en est de même pour les carbures de chacun des deux métaux (Mo_2C et W_2C).

La microscopie électronique associée à l'analyse EDX (Energy Dispersive X-ray Analysis) et à la microdiffraction électronique a été utilisée pour répondre à cette question.

La figure 3. 2 présente les clichés obtenus en microscopie électronique à transmission, ainsi que les spectres EDX et les microdiffractions correspondantes pour les catalyseurs de différents rapports atomiques.

Quel que soit le catalyseur, deux phases sont observées, de la même façon qu'en DRX sur poudre. La première phase est formée de particules relativement grosses tandis que la seconde est un amas de petites particules.

L'analyse EDX a tout d'abord permis de faire le lien entre la morphologie et l'élément chimique. Il est clair, d'après la figure 3. 2 que les amas de grosses particules contiennent du tungstène, et uniquement du tungstène. En revanche, les amas de petites particules sont exclusivement formés de l'élément molybdène. Les catalyseurs sont donc formés de deux phases bien distinctes, l'une contenant du tungstène et l'autre du molybdène.

La diffraction des électrons a permis d'identifier d'un point de vue structural les deux phases :

• les grosses particules qui contiennent du tungstène présentent une microdiffraction par point, indiquant que la phase est monocristalline et bien cristallisée. L'identification des plans nous a permis d'en déduire que cette phase est WO_2 (JCPDS n°32-1393)

• la seconde phase, formée de molybdène, se présente sous forme d'amas de toutes petites particules sans orientation préférentielle, ce qui est confirmé par la microdiffraction de type Debye-Sherrer en anneaux. Les plans identifiés ont permis de voir que cette phase est du carbure de molybdène Mo_2C (JCPDS n°35-0787). Nous avons souvent comparé cette phase à une éponge.

Aucune autre phase n'a été détectée.

Sur le catalyseur Mo/W = 1/4, l'observation de la morphologie des particules indique que les particules « spongieuses » et correspondant à la phase carbure sont moins nombreuses que les particules d'oxyde. En revanche, l'observation inverse a été faite sur le catalyseur Mo/W = 3. Pour le catalyseur Mo/W = 1, les proportions de chaque phase apparaissent comme identiques. Ce phénomène est aussi observable sur les pics de diffraction des rayons X : plus il y a de molybdène et moins la première raie (correspondant à WO_2) est intense.

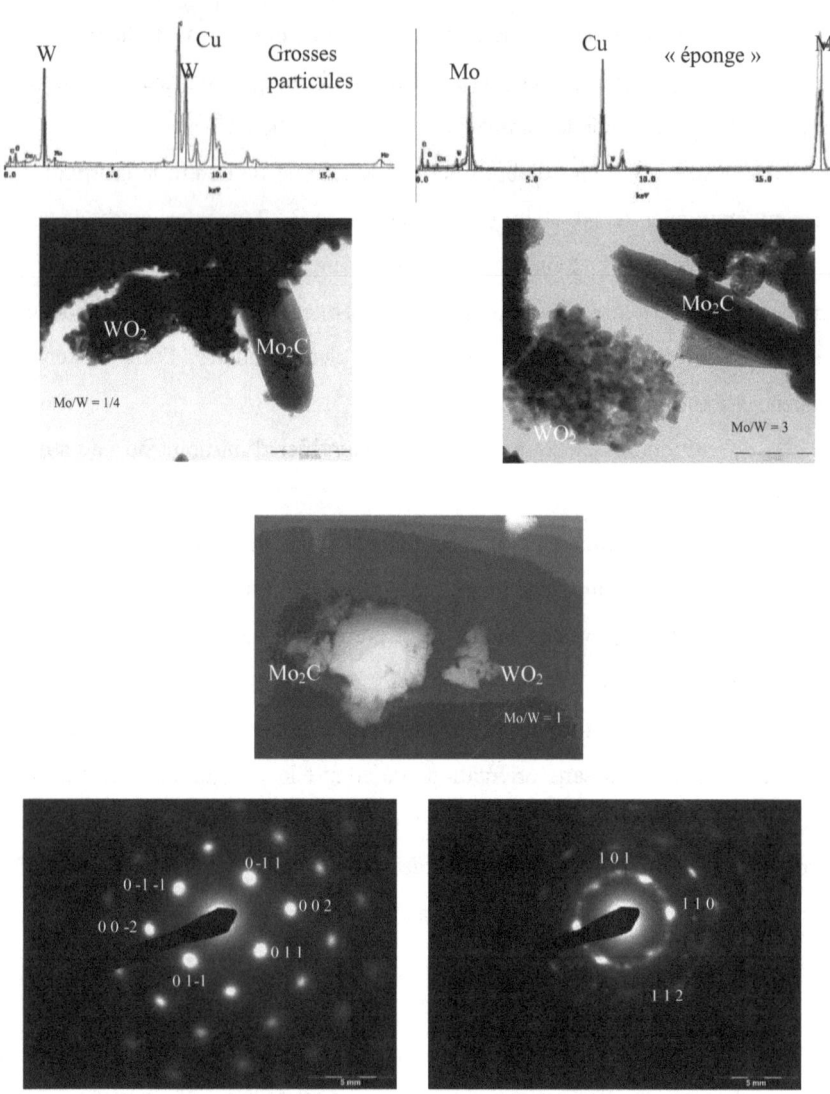

Figure 3. 2 : Microscopie électronique à transmission, microdiffraction et analyses EDX pour les trois catalyseurs.

L'XPS (X rays Photoelectron Spectroscopy) a été utilisée afin de connaître les degrés d'oxydation des métaux dans nos catalyseurs. D'autre part, c'est une technique quantitative puisqu'elle permet d'accéder à la répartition des degrés d'oxydation pour un métal donné, et qualitative sur une profondeur d'environ 30 Å. Seul l'échantillon Mo/W = 1 a été étudié.

Trois types d'échantillons ont été analysés. Le premier consiste à placer sous un courant d'hydrogène (18 cc/min) le catalyseur, la température étant élevée linéairement à 60°C/h jusqu'à 500°C où un palier de 3 heures est maintenu. L'échantillon est ensuite traité sous vide à 400°C pendant 1 heure de façon à désorber toutes les espèces chimisorbées [7] ; il est conservé en ampoule scellée. Le deuxième est le catalyseur issu directement de la carburation et de la passivation, sans prétraitement particulier. Enfin, un catalyseur ayant été soumis à une isomérisation du *n*-heptane a été analysé. En effet, pendant les premières heures de la réaction catalytique, une diminution de la conversion est observée avant d'atteindre un pseudo-palier où le régime quasi stationnaire est atteint. Ce phénomène, correspondant à une mise en régime du catalyseur, sera précisément décrit dans le chapitre 4.

Les spectres XPS ont été enregistrés avec un temps variable de bombardement aux ions Ar^+, de 0 à 900 secondes.

La figure 3. 3 représente l'évolution des spectres XPS de W 4f, Mo 3d, C 1s et O 1s en fonction du temps de bombardement avec les ions argon. Les répartitions des degrés d'oxydation, obtenues par XPS et en fonction du temps de bombardement, pour le molybdène et le tungstène, sont résumées dans la figure 3. 4.

L'intensité du pic à 31,7 eV augmente lorsque le temps de bombardement augmente, ce qui signifie que plus on va en profondeur dans le catalyseur, plus la quantité de tungstène réduit augmente. Parallèlement, la quantité de W^{6+} (35,7 eV) diminue lorsque le temps de bombardement augmente. Enfin, le W^{5+} ne varie pas (33,9 eV). Nous pouvons donc supposer que la quantité de W^{6+} qui a « disparu » a en fait été réduite en W^{5+}, et que la quantité de $W^{0,\delta+}$ supplémentaire provient de la réduction d'une partie du W^{5+}, d'où les légères variations observées.

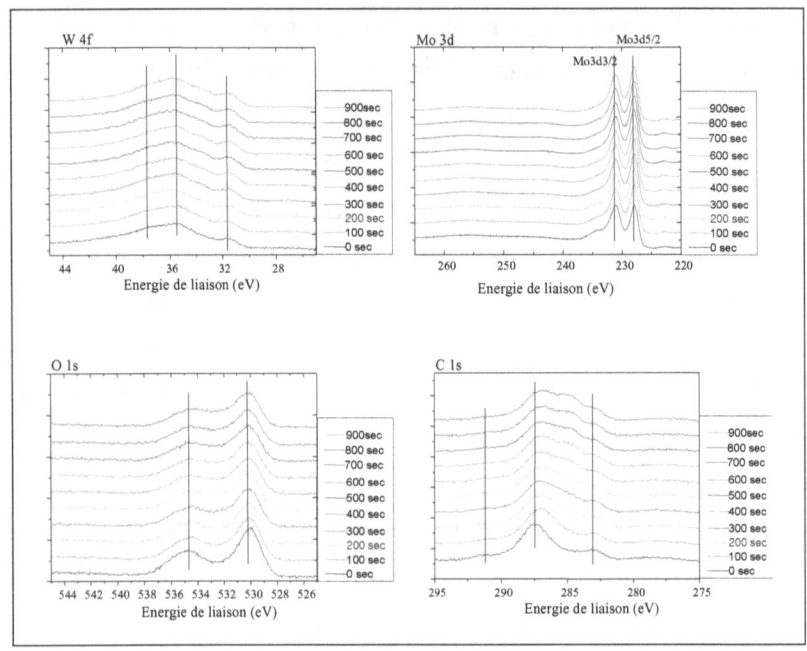

Figure 3. 3 : Evolution des spectres XPS en fonction du temps de bombardement sous les ions Ar^+.

En ce qui concerne le molybdène, la quantité de métal au degré d'oxydation 0 (228,0 eV) diminue légèrement lorsque l'on va vers le cœur du matériau. En revanche, nous n'observons pas de modifications significatives pour $Mo^{4+, \delta+}$. Il semble donc qu'il existe de légères variations des degrés d'oxydation suivant le temps de bombardement. Elles peuvent être dues certes à de faibles variations dans le matériau, mais aussi à une réduction qui a lieu à cause du bombardement à l'Ar^+. Ces variations de degré d'oxydation sont négligeables, et finalement, le temps de bombardement n'a pas d'effet sur la répartition des degrés d'oxydation dans chacun des métaux.

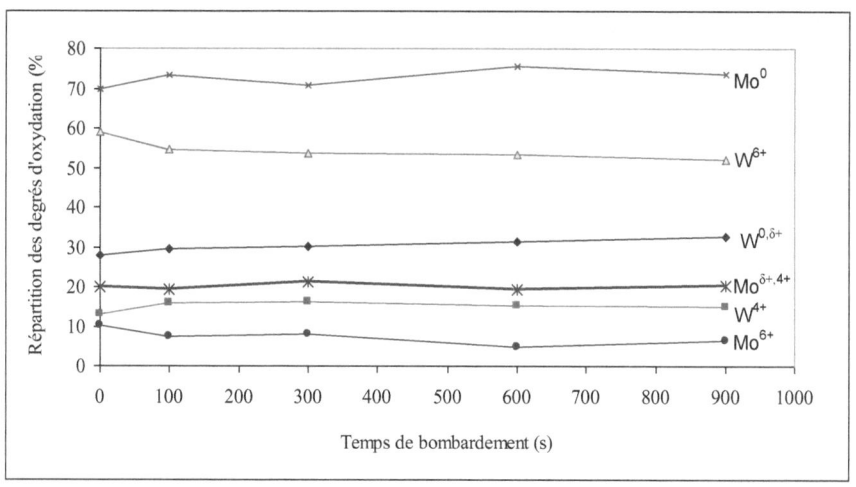

Figure 3. 4 : Répartition des degrés d'oxydation de chaque métal de transition en fonction du temps de bombardement sous les ions Ar^+.

Les résultats présentés ici correspondent à une moyenne obtenue sur tous les temps de bombardement.

La figure 3. 5 présente les spectres XPS obtenus pour le mélange Mo/W = 1 pour un temps de bombardement de 600 secondes (temps de bombardement intermédiaire).

Les spectres W 4f et Mo 3d consistent en une enveloppe de pics qui a été décomposée pour estimer la distribution des états d'oxydation du molybdène et du tungstène. Les énergies de liaison des différents éléments et les pourcentages des états d'oxydation du molybdène et du tungstène sont résumés dans le tableau 3. 2.

Trois espèces de tungstène sont détectées après carburation. Aucune contribution à une énergie moyenne correspondant à $W^{\delta+}$ (32,3 eV) n'a été observée. Aucun tungstène métallique (30,6 eV) n'a été obtenu [8]. L'espèce à plus haute énergie est l'empreinte de W^{6+}, comme dans WO_3. La DRX associée à la microscopie électronique à transmission n'indique aucune phase WO_3. Elle doit donc être amorphe. Selon des études précédentes [9], les énergies de liaison à 33,6 eV correspondent à W^{5+}. Nous noterons l'espèce à 31,7 eV $W^{0,\delta+}$.

48

Le carbure de molybdène Mo_2C est une espèce réduite du molybdène. Il s'agit donc des espèces Mo^0 et $Mo^{\delta+}$ détectées par XPS. En revanche, l'oxyde de tungstène acide, qui sera actif en catalyse, est représenté par les espèces W^{5+}, le $W^{0,\delta+}$ correspondant au carbure, et le W^{6+} n'étant pas capable d'assurer une fonction acide.

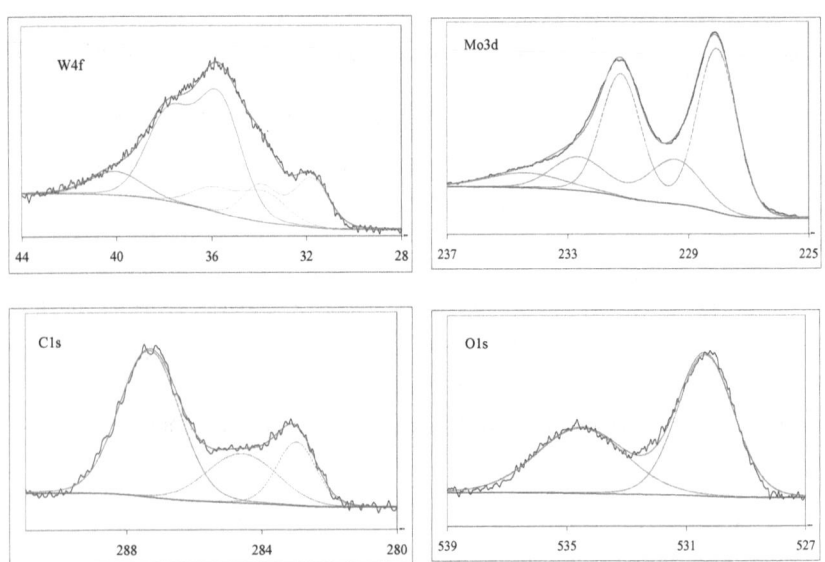

Figure 3. 5 : Spectres XPS du mélange mécanique Mo/W = 1 à 600s de temps de bombardement.

Trois types de carbone ont été détectés. Le premier à 283,0 eV correspond au carbone du carbure. Le second, à une énergie de liaison plus élevée (284,6 eV) est dû à un carbone de type contamination, et le troisième (286,2 eV) correspond à un carbone qui est plus oxydé.

Les analyses qualitatives de l'XPS sont données dans le tableau 3. 2.

O 1s		C 1s			Mo 3d$_{5/2}$			W 4f$_{7/2}$		
Oxyde	Carbure				Mo^0	Mo$^{\delta+, 4+}$	Mo^{6+}	W^{6+}	W^{5+}	W$^{0,\delta+}$
530,4	534,5	283,0	284,6	286,2	228,1	229,8	232,5	35,7	33,9	31,7
					73,5%	20,0%	6,5%	53,5%	16,0%	30,5%

Tableau 3. 2 : Analyse quantitative de l'XPS.

D'après le tableau 3. 2, la majorité du molybdène se trouve sous forme réduite (carbure), seuls 6% sont encore sous forme VI+. Le tungstène est quant à lui majoritairement sous forme oxyde (70%). Il faut noter qu'une partie du tungstène (30%) est réduite et doit se trouver sous forme carbure, aucune particule métallique n'étant détectée ni par DRX ni par microscopie électronique.

En ce qui concerne l'échantillon après test catalytique, aucune différence majeure n'a été observée, indiquant que l'état d'oxydation des métaux ne change pas lors de la réaction catalytique.

En résumé, les systèmes catalytiques étudiés sont formés de deux phases distinctes, l'une étant WO$_2$ et l'autre Mo$_2$C. La modification du rapport atomique Mo/W de 1/4 à 3 permet de faire varier la proportion de chacune des deux phases, ce que l'on observe bien en DRX et microscopie électronique.

3. 1. 3 Acidité des catalyseurs

L'isomérisation bifonctionnelle du *n*-heptane nécessite des catalyseurs alliant une fonction métallique à une fonction acide. Mais l'intermédiaire réactionnel étant un carbocation, il faut nécessairement un acide de Brönsted capable de former ce carbocation.

Notre but est de trouver une méthode qui nous permette de quantifier les sites acides de Lewis d'une part, et les sites de Brönsted d'autre part, dans les conditions les plus proches de la réaction catalytique.

Nous avons alors mis au point une méthode d'adsorption-désorption d'amine primaire à petite chaîne carbonée qui permet de quantifier à la fois le nombre de sites acides de Lewis et le nombre de sites acides de Brönsted. L'adsorption nous donne le nombre total de sites acides et la désorption d'amine n'ayant pas été craquée nous fournit le nombre de sites acides de Lewis [10, 11]. Le nombre de sites acides de Brönsted est alors obtenu par différence.

Nous avons cherché une amine qui soit à la fois à courte chaîne carbonée, liquide, d'un encombrement comparable à celui du n-heptane et ayant une pression de vapeur saturante satisfaisante. Notre choix s'est porté sur l'isopropylamine.

Le schéma du montage est décrit dans le chapitre 2.

Le graphique d'adsorption d'isopropylamine par pulses successifs pour le catalyseur Mo/W = 1 est représenté figure 3. 6. Quel que soit le catalyseur, le profil d'adsorption est le même.

Dans un premier temps, le signal TCD est nul : l'amine est adsorbée sur les sites acides du catalyseur. Ensuite, le signal augmente et devient constant : la surface du catalyseur est saturée d'isopropylamine, tous les sites acides accessibles sont saturés.

La connaissance du nombre de moles d'amine correspondant à la surface du signal non saturé nous permet d'en déduire le nombre de moles d'amines adsorbées à la surface. Le détail du calcul est donné en annexe II.

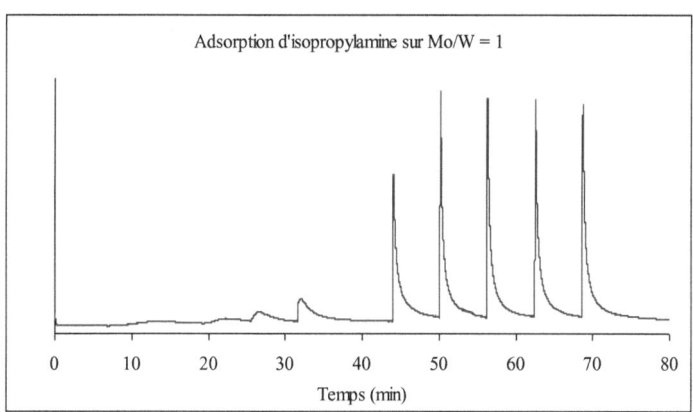

Figure 3. 6 : Adsorption d'isopropylamine sur les catalyseurs Mo/W = 1/4 ; 1 ; 3 à 100°C sous un mélange H_2/He sur une masse comprise entre 200 et 300 mg.

La première colonne du tableau 3. 3 présente les quantités d'amine adsorbée, c'est-à-dire les quantités totales de sites acides, par gramme de catalyseur. La stœchiométrie d'adsorption a été fixée à une molécule d'amine par site acide.

Aucune corrélation ne peut être faite entre la quantité de molybdène ou de tungstène et la quantité totale de sites acides présents. Il apparaît donc que le molybdène et le tungstène adsorbent l'isopropylamine. En revanche, il faut quand même noter que le catalyseur contenant le plus de tungstène adsorbe la plus grande quantité d'isopropylamine. Il contient donc le plus grand nombre de sites acides. Seule la détermination du nombre de sites de Brönsted devrait nous permettre de différencier les catalyseurs.

La désorption en température programmée (DTP) permet à la fois d'identifier et de quantifier les sites acides de Brönsted. En effet, l'utilisation d'un catharomètre a permis le dénombrement des sites acides, et son couplage avec un spectromètre de masse a facilité l'identification des gaz sortants.

Catalyseur	Nb total de sites acides (µmol/g$_{cata}$)	Nb de sites de type Lewis (µmol/g$_{cata}$)	Nb de sites de type Brönsted (µmol/g$_{cata}$)
		Température de désorption (°C)	
Mo/W = 1/4	26,1	5,2 (120)	20,9 (230 ; 260)
Mo/W = 1	7,7	4,3 (165 ; 220)	3,2 (240 ; 260)
Mo/W = 3	7,8	4,3 (175 ; 260)	3,5 (310)

Tableau 3. 3 : Quantité totale de sites acides et différenciation entre sites acides de Lewis et de Brönsted. Températures des maxima de désorption entre parenthèses.

La température est augmentée linéairement jusqu'à 500°C à raison de 5°C par minute sous un courant d'un mélange H$_2$/He (40 cc/min). L'hydrogène a été utilisé afin d'éviter les réactions secondaires dues à la fonction métallique (hydrogénolyse, déshydrogénation).

La figure 3. 7 présente les courbes de désorption en température programmée.

Pour les trois catalyseurs, les courbes de désorption ont été considérées comme une enveloppe de trois pics. La masse m/z = 59 détectée par spectrométrie de masse est aussi représentée. Elle est caractéristique d'une molécule d'isopropylamine qui n'a subi aucune modification, aucun craquage. Ce pic de masse à m/z = 59 est donc représentatif des sites acides de Lewis.

Sur le catalyseur Mo/W = 1/4, au premier pic, dont le maximum de désorption est à 120 °C, correspond exactement le signal m/z = 59 du spectromètre de masse. Ce premier pic est donc attribuable aux sites acides de Lewis. Les deux autres pics, pointant à 230°C et 260°C correspondent alors à l'isopropylamine issue des sites acides de Brönsted et représentent donc ces sites.

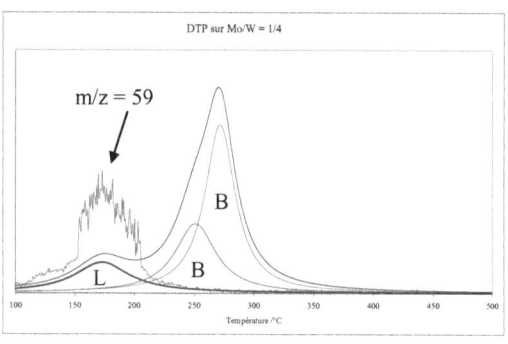

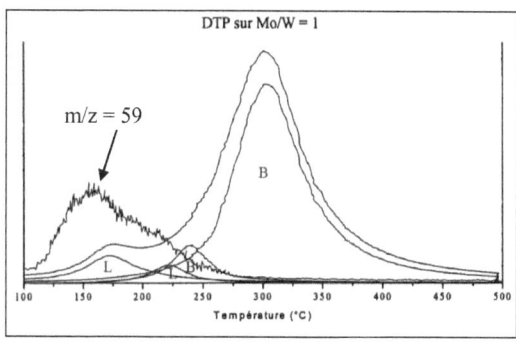

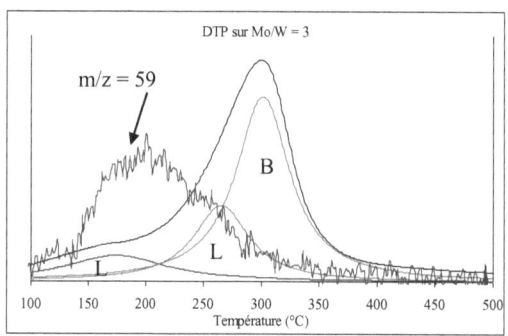

Figure 3. 7 : Profils de désorption en température programmée et attribution des pics : identification des sites acides de Brönsted.

Sur le catalyseur Mo/W = 3, ce sont les deux premiers pics à 175 et 260°C qui sont attribuables aux sites acides de Lewis, puisque le signal du spectromètre de masse sort en même temps que ces deux pics. Par conséquent, c'est le troisième pic seul (310°C) qui représente les sites acides de Brönsted.

Sur le catalyseur intermédiaire, il nous a fallu décomposer la courbes de désorption en 4 pics afin d'attribuer clairement chaque composante. Le premier pic à 165°C est clairement attribuable à de l'isopropylamine issue des sites acides de Lewis. Le deuxième pic (220°C) se situe lui aussi sous la courbe m/z = 59 indiquant qu'il correspond à un acide de Lewis. Le troisième pic (à 240°C) et le quatrième (à 300°C) sont tous les deux attribuables aux molécules craquées issues des sites acides de Brönsted.

D'autre part, sur Mo/W = 1/4, le pic correspondant aux sites acides de Brönsted désorbe à plus basse température que sur Mo/W = 3. La constante d'adsorption entre l'isopropylamine et le site acide est donc plus forte dans le cas de Mo/W = 3 que dans le cas de Mo/W = 1/4. Par conséquent, les sites acides de Brönsted sont plus forts dans le cas d'un catalyseur à haute teneur en molybdène. La densité de sites acides sur WO_2 doit être différente. Le tableau 3. 3 rassemble les quantités totales de sites acides, de sites de type Lewis et de type Brönsted.

Finalement, il apparaît que le rapport Mo/W a une influence notable sur la quantité et la qualité des sites acides. En effet, plus il y a de molybdène et plus le pourcentage de sites acides de Lewis est élevé. Dans le même temps, les sites acides de Brönsted formés sont plus forts puisque la désorption a lieu à plus haute température.

Que deviennent les sites acides de Brönsted après une mise en régime du catalyseur dans les conditions de la réaction catalytique ?

Dans les premières heures de l'isomérisation du *n*-heptane, une chute de la conversion est observée : c'est ce que l'on appelle la mise en régime du catalyseur. A la fin de cette période, le régime stationnaire est atteint. Ce phénomène sera précisément décrit dans le chapitre 4. Souvent, cette mise en régime est associée à du coke qui se formerait à la surface du catalyseur. Nous avons montré dans le paragraphe précédent que les trois catalyseurs étudiés possédaient des sites acides de Brönsted en surface. L'étude de ces sites acides, après mise en régime du catalyseur, va nous permettre d'infirmer ou de valider l'hypothèse décrite ci-dessus.

Le catalyseur est soumis à la réaction catalytique proprement dite (1 L/h H_2 (t_c = 0,5s), H_2/nC_7 = 14,8, pression atmosphérique, 300°C) pendant neuf heures, durée à partir de laquelle le régime quasi stationnaire est atteint. Enfin, le catalyseur subit l'adsorption-désorption d'isopropylamine. Les quantités d'amine adsorbée ainsi que la répartition des sites, pour les trois catalyseurs, sont données dans le tableau 3. 4. La figure 3. 8 représente les courbes de désorption décomposées, ainsi que le signal m/z = 59 du spectromètre de masse pour la famille de catalyseurs.

Quel que soit le catalyseur, les quantités d'amine adsorbées sont moins importantes après la mise en régime que sur un catalyseur « frais ».

D'autre part, les courbes de désorption indiquent que les sites acides de Lewis et de Brönsted sont toujours présents. Cependant, le tableau 3. 4 montre que, si la quantité de sites acides de Lewis ne varie pas, il n'en est pas de même pour les sites acides de Brönsted dont le nombre diminue.

La mise en régime est donc bien due à une disparition des sites acides de Brönsted provoquée par le coke résultant du craquage du *n*-heptane sur ces mêmes sites.

Catalyseur	Quantité totale de sites acides ($\mu mol/g$)		Nombre de sites acides de Lewis ($\mu mol/g$)		Nombre de sites acides de Brönsted ($\mu mol/g$)	
	Avant catalyse	Après catalyse	Avant catalyse (T_{des} en °C)	Après catalyse (T_{des} en °C)	Avant catalyse (T_{des} en °C)	Après catalyse (T_{des} en °C)
Mo/W = 1/4	26,1	11,3	5,2	5,3	20,9 (230 ; 260)	6,0 (240 ; 260)
Mo/W = 1	7,7	7	2,3	2,3	5,5 (240 ; 300)	4,7 (230 ; 260)
Mo/W = 3	7,8	7,4	4,3	4,4	3,5 (310)	3 (275)

Tableau 3. 4 : Quantité de sites acides (total, de type Lewis, de type Brönsted) pour les trois catalyseurs, avant et après isomérisation du *n*-heptane.

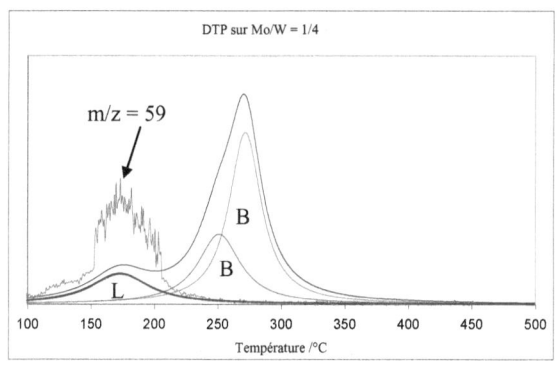

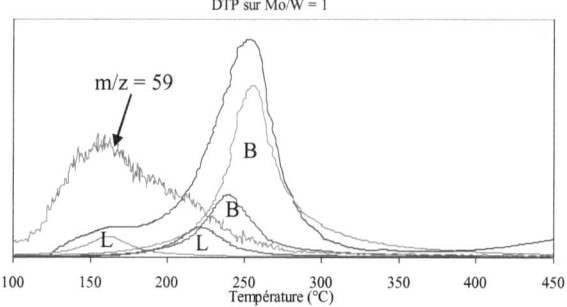

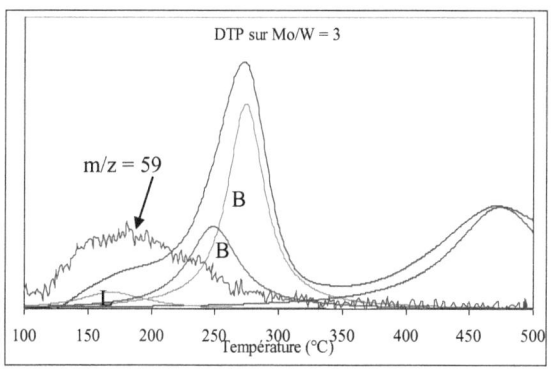

Figure 3. 8 : Profils de désorption en température programmée sur les trois catalyseurs après isomérisation du *n*-heptane.

Tous les pics de désorption observés sur les trois catalyseurs se situent à plus basse température que sur les catalyseurs frais. Sur le catalyseur Mo/W = 1/4, les températures de désorption sont environ 20°C plus basses que sur le catalyseur propre.

Sur Mo/W = 3, la différence est d'environ 40°C. La diminution de la température de désorption observée pour Mo/W = 1 vaut 40°C.

Les sites acides les plus forts (désorbant à plus haute température) sont donc « masqués » par des molécules adsorbées lors de l'isomérisation du n-heptane.

La mise en régime lors de la réaction catalytique a donc pour effet de faire diminuer le nombre total de sites acides et notamment de masquer les sites forts de Brönsted qui sont donc cokés et par conséquent absents (inactifs) lors de l'étude cinétique. Leur température de désorption est alors similaire.

D'autre part, l'observation d'un pic supplémentaire vers 500°C montre la libération des sites acides forts de Brönsted indiquant que ce cokage est réversible.

3. 1. 4 Conclusion

La carburation de catalyseurs bimétalliques obtenus par mélange mécanique de différents rapports atomiques Mo/W à basse température par un mélange éthane/hydrogène a permis d'obtenir des catalyseurs de surface spécifique satisfaisante tout en conservant une phase partiellement oxydée à l'issue de la synthèse. La diffraction des rayons X, associée à la microscopie électronique et à l'analyse EDX, nous a permis d'identifier deux phases distinctes : Mo_2C et WO_2.

L'analyse XPS nous a permis de montrer que la grande majorité du molybdène est sous forme carbure, tandis que le tungstène reste sous forme oxyde. Il faut noter qu'une espèce VI+ du tungstène est détectée en grande quantité et correspond à un WO_3 amorphe. D'autre part, une partie du tungstène est réduite.

La mise au point d'une nouvelle méthode d'adsorption-désorption a permis de quantifier les sites acides de Brönsted, responsables de l'activité catalytique. La quantité de sites acides de Brönsted est directement reliée à la quantité de tungstène présent dans le mélange, indiquant que ce sont les espèces oxydes du tungstène qui portent la fonction acide des matériaux. D'autre part, cette étude a montré que plus les sites acides sont nombreux et moins ils sont forts, et inversement. Par exemple, le catalyseur Mo/W = 3 contient le moins grand nombre de sites acides de Brönsted mais ces sites sont plus forts que ceux sur les autres catalyseurs.

L'étude de cette même acidité après mise en régime dans les conditions de la réaction test nous a permis de montrer que la désactivation est due à du coke qui se forme sur les sites acides les plus forts, et ceci quel que soit le catalyseur.

Partie 2 : Les oxycarbures mixtes

3. 2. 1 Synthèse des oxycarbures mixtes

Comme dans le cas de la famille des mélanges mécaniques, les oxydes précurseurs ont été carburés grâce à un mélange éthane/hydrogène, afin de carburer à « basse » température et conserver ainsi une grande surface spécifique.

La température de carburation a été choisie de manière à avoir des catalyseurs les plus stables et les plus actifs possible sous mélange réactionnel, tout en ayant une sélectivité maximale.

La synthèse s'est déroulée en trois étapes. Tout d'abord, les oxydes de molybdène et de tungstène sont mélangés mécaniquement dans un mortier, dans les proportions atomiques désirées : Mo/W = 1/4 ; 1 et 3. De l'éthanol y est ajouté pour améliorer l'homogénéité du mélange [5], puis est laissé à évaporer à température ambiante. Une fois le mélange sec, environ 1 gramme de poudre est transféré dans une ampoule de quartz de 5 cm de longueur. L'ampoule est ensuite scellée sous vide. Chaque ampoule subit un traitement thermique sous vide dans un four à moufle : la température est montée linéairement de la température ambiante à 100°C/h jusqu'à 750°C, puis un palier est laissé pendant 6 heures. L'ampoule est ensuite refroidie à température ambiante et ce traitement thermique est répété deux fois. Ce traitement thermique a pour but de former une phase mixte. En effet, la température de sublimation de l'oxyde de molybdène (voisine de 750°C) est inférieure à celle du tungstène. De plus, comme les mélanges d'oxydes sont traités sous vide, la température de sublimation est encore diminuée. Vers 750°C, l'oxyde de molybdène MoO_3 se sublime et passe donc en phase vapeur dans l'ampoule de quartz. Cette vapeur peut diffuser dans l'oxyde de tungstène qui, lui, reste solide. Il y a alors formation d'une phase unique, mixte, faite par insertion d'un métal dans la matrice de l'autre. A la fin, une poudre jaune sale est obtenue. La troisième étape de la synthèse est la carburation du mélange mixte. Elle se fait sous un mélange éthane/hydrogène (10% vol. d'éthane) avec un débit total de 10 L/h. La température du four est montée linéairement (60°C/h) jusqu'à 660°C où un palier de deux heures est maintenu. Le réacteur est ensuite trempé à température ambiante sous hydrogène pur. Ces matériaux étant pyrophoriques, ils subissent, comme les mélanges mécaniques, une étape de passivation dans les mêmes conditions.

Le choix de la température de carburation a été fait selon la stabilité du catalyseur sous flux réactionnel. C'est la sélectivité en isomérisation qui va permettre de déterminer si le catalyseur ne se modifie pas au cours du temps. La figure 3. 9 présente les conversions et sélectivités en isomérisation pour le catalyseur mixte de rapport 1/1 (noté Mo/W = 1/1M) selon la température de carburation.

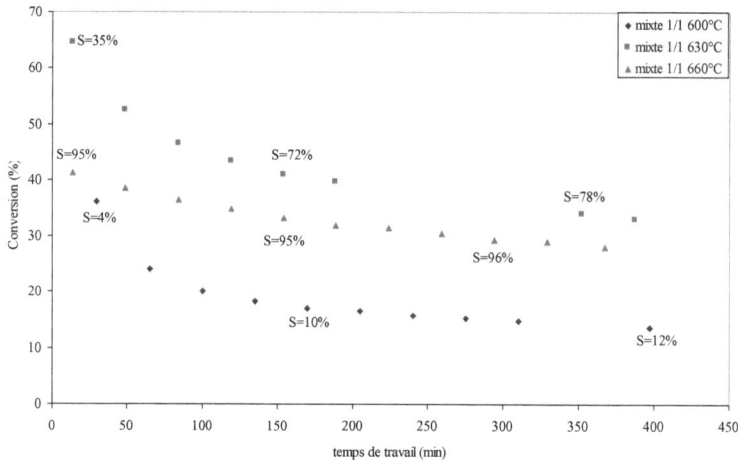

Figure 3. 9 : Conversion du *n*-heptane et sélectivité en isomérisation sur le catalyseur Mo/W = 1/1M selon la température de carburation. $T_{réaction}$ = 300°C, Pression atmosphérique.

D'après la figure 3. 9, une carburation à 600°C n'est pas suffisante pour maintenir la sélectivité : le catalyseur se modifie. Il en est de même pour une carburation à 630°C : la sélectivité varie au cours du temps sous flux réactionnel. Cependant, il faut noter que la sélectivité est beaucoup plus grande que lors de la carburation à 600°C indiquant bien que le catalyseur n'était pas suffisamment carburé. Enfin, pour une température de carburation de 660°C, la sélectivité en isomérisation est stable : le catalyseur ne se modifie plus sous flux.

Nous avons donc choisi cette température pour la carburation des mélanges mixtes.

3. 2. 2 Caractéristiques générales et identification des phases

L'étude par diffraction des rayons X sur poudre (figure 3. 10) pour les oxydes obtenus après traitement thermique sous vide indique que l'oxyde de rapport Mo/W = 1 est formé d'une phase mixte de type $Mo_{0,47}W_{0,53}O_3$ (JCPDS n°32-1392). En revanche, l'oxyde de rapport Mo/W = 3 contient deux phases : la première est l'oxyde mixte $Mo_{0,47}W_{0,53}O_3$, la seconde est de l'oxyde de molybdène MoO_3 (JCPDS n°47-1320). Enfin, l'oxyde de rapport 1/4 est formé de la phase mixte, mais aussi WO_3 (JCPDS n°32-1395, triclinique) en quantité non négligeable, ainsi que MoO_3 (JCPDS n°47-1320, monoclinique) en beaucoup plus faible quantité.

Il apparaît donc que la seule phase mixte formée est $Mo_{0,47}W_{0,53}O_3$ et ceci quel que soit le rapport Mo/W. Dans le cas des oxydes de rapport 1/4 et 3, l'oxyde en excès est retrouvé (WO_3 et MoO_3 respectivement). Il faut noter, cependant, la présence inattendue de traces de MoO_3 dans l'oxyde de rapport 1/4.

La composition des oxydes avant carburation est donc la suivante :

- Mo/W = 1M : phase mixte $Mo_{0,47}W_{0,53}O_3$ unique
- Mo/W = 3M : phase mixte $Mo_{0,47}W_{0,53}O_3$ + MoO_3
- Mo/W = 1/4M : phase mixte $Mo_{0,47}W_{0,53}O_3$ + WO_3 + ε MoO_3 que l'on ne considérera pas par la suite.

Les catalyseurs, obtenus à l'issue de la carburation de ces oxydes, seront logiquement formés de ces mêmes phases carburées.

La figure 3. 11 représente les diffractogrammes de rayons X sur poudre obtenus pour les trois catalyseurs, après carburation des oxydes traités sous vide.

Le traitement en ampoule scellée a conduit à la formation d'un oxyde mixte de type $Mo_{0,47}W_{0,53}O_3$. Aucune phase carburée correspondant à cette stœchiométrie n'a été trouvée dans la bibliographie. Cependant, la phase majoritaire présente dans les catalyseurs a un paramètre de maille intermédiaire entre celui de l'oxycarbure de molybdène MoOC (JCPDS n°17-0104) et l'oxycarbure de tungstène $W_2(C,O)$ (JCPDS n°22-0959). Le nouveau matériau est un oxycarbure de molybdène et de tungstène, cristallisant dans un système cubique. Le paramètre de la maille cubique a été obtenu par affinement des pics indicés sur la figure 3. 11. Le tableau 3. 6 présente les résultas obtenus.

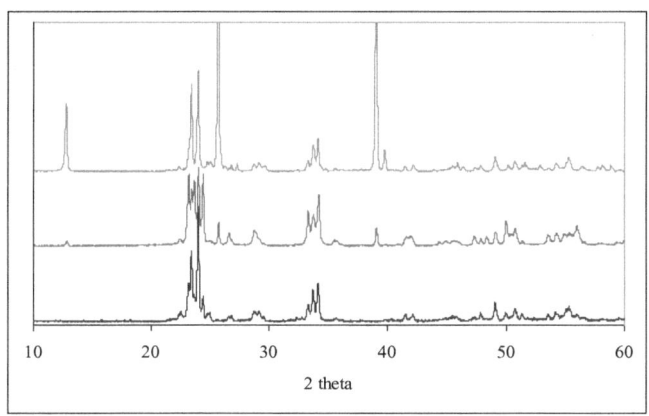

Figure 3. 10 : Diffractogrammes de rayons X sur poudre des trois oxydes à l'issue du traitement sous vide.

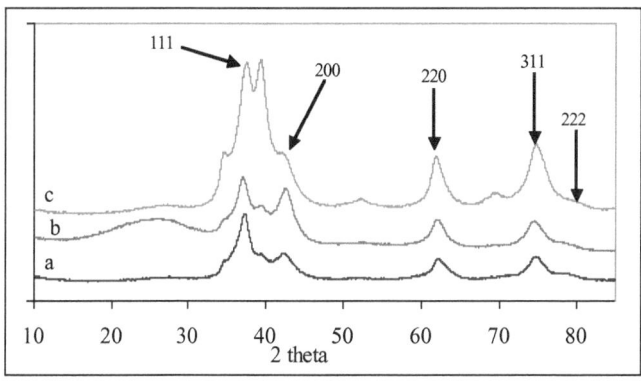

Figure 3. 11 : Diffractogrammes de rayons X sur poudre pour les trois catalyseurs mixtes : (a) Mo/W = 1/1M, (b) Mo/W= 1/4M, (c) Mo/W = 3M.

64

Composé	Paramètre de maille (Å)
MoOC	4,1452
$W_2(C,O)$	4,2304
Mixte 3/1	4,224(6)
Mixte 1/1	4,217(8)
Mixte 1/4	4,219(5)

Tableau 3. 6 : Etude du paramètre de maille de la nouvelle phase mixte.

La nouvelle phase mixte (Mo,WCO) a un paramètre de maille cubique de 4,22 Å.

Cependant, ce n'est pas la seule phase présente dans les matériaux. En effet, les catalyseurs de rapport 1/4 et 3 possèdent une phase supplémentaire de carbure en quantité plus ou moins importante. Ces phases sont issues de la carburation des oxydes « en excès » déjà observés sur les diffractogrammes de rayons X des oxydes avant la carburation. Le surplus par rapport à la stœchiométrie $Mo_{0,47}W_{0,53}$ d'un élément se retrouve carburé en Mo_2C (Mo/W = 3) ou en W_2C (Mo/W = 1/4). Seul le catalyseur Mo/W = 1 semble être constitué de la seule phase mixte oxycarbure.

Ces résultats sont confirmés par microscopie électronique à transmission. La figure 3. 12 présente les clichés obtenus pour les oxycarbures mixtes ainsi que les microdiffractions correspondantes.

La phase commune à ces trois catalyseurs est la phase oxycarbure. Elle est formée de petites particules. La microdiffraction par points indique que cette phase est assez bien cristallisée. Sur les catalyseurs Mo/W = 1/4 et 3, une phase supplémentaire est observée. Cette phase diffracte en anneaux ce type Debye-Scherrer et correspond à Mo_2C ou W_2C selon le catalyseur.

La diffraction des rayons X sur poudre et la microscopie à transmission associée à la microdiffraction et à la composition des mélanges d'oxydes précurseurs ont permis de déterminer la composition de ces catalyseurs. Le tableau 3. 7 résume les phases présentes sur chaque catalyseur.

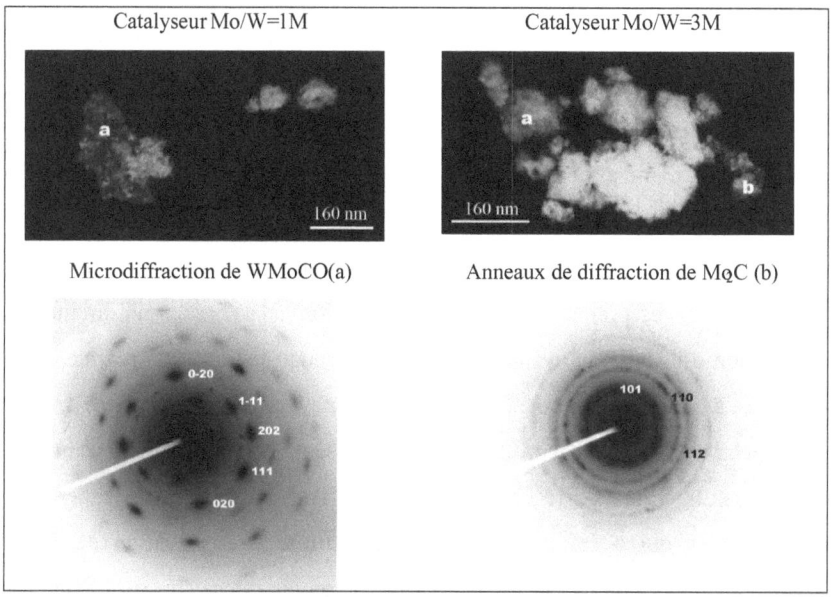

Figure 3. 12 : Microscopie électronique à transmission et microdiffraction du catalyseur Mo/W = 3M. (a) phase oxycarbure cubique, (b) Mo₂C.

Catalyseur	Phases présentes
Mo/W = 1/4M	Mixte oxycarbure + W_2C
Mo/W = 1M	Mixte oxycarbure
Mo/W = 3M	Mixte oxycarbure + Mo_2C

Tableau 3. 7 : Composition cristallographique des catalyseurs.

L'XPS (X rays Photoelectron Spectroscopy) a été utilisée toujours pour connaître les degrés d'oxydation des métaux dans nos catalyseurs. Les trois catalyseurs ont été étudiés.

Deux types d'échantillons ont été analysés. Le premier consiste à placer sous un courant d'hydrogène (18 cc/min) le catalyseur, la température étant élevée linéairement à 60°C/h jusqu'à 500°C où un palier de 3 heures est maintenu. L'échantillon est ensuite traité sous vide à 400°C pendant 1 heure de façon à désorber toutes les espèces chimisorbées [7] ; il est conservé en ampoule scellée. Pour le second type d'échantillon, un catalyseur ayant été soumis à une isomérisation du n-heptane a été analysé. En effet, comme pour les catalyseurs obtenus par mélange mécanique, pendant les premières heures de la réaction catalytique, une diminution de la conversion est observée avant d'atteindre un pseudo-palier où le régime quasi stationnaire est atteint. Ce phénomène sera précisément décrit dans le chapitre 4.

Les spectres XPS de chacun des éléments présents pour les trois oxycarbures sont donnés sur la figure 3. 13. Les spectres W 4f et Mo 3d consistent en une enveloppe de pics qui a été décomposée pour estimer la distribution des états d'oxydation du molybdène et du tungstène. Les énergies de liaison des différents éléments et les pourcentages des états d'oxydation du molybdène et du tungstène sont résumés dans le tableau 3. 8.

Trois espèces de tungstène sont détectées après carburation pour les trois oxycarbures. Aucune contribution à une énergie moyenne correspondant à $W^{\delta+}$ (32,3 eV) n'a été observée. L'espèce à plus haute énergie est l'empreinte de W^{6+}, comme dans WO_3. La DRX couplée à la microscopie électronique à transmission n'indique aucune phase WO_3. Cette espèce est donc soit amorphe soit contenue dans la phase mixte MoWOC.

Seul l'oxycarbure de rapport 3 possède du molybdène VI (232,0 eV). Les autres espèces Mo^0 (228,0 eV) et $Mo^{\delta+}$ (229,5 eV) sont identiques à celles rencontrées pour Mo_2C dans les mélanges mécaniques. La quasi-totalité du molybdène (excepté 8% pour le catalyseur Mo/W = 3M) se trouve sous forme réduite et assure avec 65% du tungstène la phase métallique (hydro/déshydrogénation) de nos catalyseurs, la phase acide étant assurée par le tungstène complémentaire.

En ce qui concerne l'échantillon après test catalytique, aucune différence majeure n'a été observée sur les oxycarbures de rapport Mo/W = 1/4 et 1, indiquant que l'état d'oxydation des métaux ne change pas lors de la réaction catalytique. Cependant, pour le catalyseur de rapport 3, une réoxydation du tungstène est observée : la quantité de tungstène au degré d'oxydation $0,\delta+$ (tungstène réduit) diminue au profit du tungstène VI. Pour cet échantillon, un seul temps de bombardement aux ions Ar^+ a été effectué. Il est illogique que sous mélange réducteur (*n*-heptane, hydrogène) le tungstène s'oxyde, et ceci sans réduction du molybdène. Il semblerait donc qu'il y ait eu un problème lors de l'analyse XPS et que, par conséquent, les résultats relatifs au tungstène pour ce catalyseur ne soient pas représentatifs. Mais, les deux autres catalyseurs ayant des résultats XPS comparables, il semblerait que le catalyseur Mo/W = 3M possède aussi ces caractéristiques.

Trois types de carbone ont été détectés pour chacun des oxycarbures. Le premier à 283,1 eV correspond au carbone du carbure. Le second, à une énergie de liaison plus élevée (284,6 eV) est un carbone de type contamination, et le troisième (286,5 eV) correspond à un carbone qui est plus oxydé.

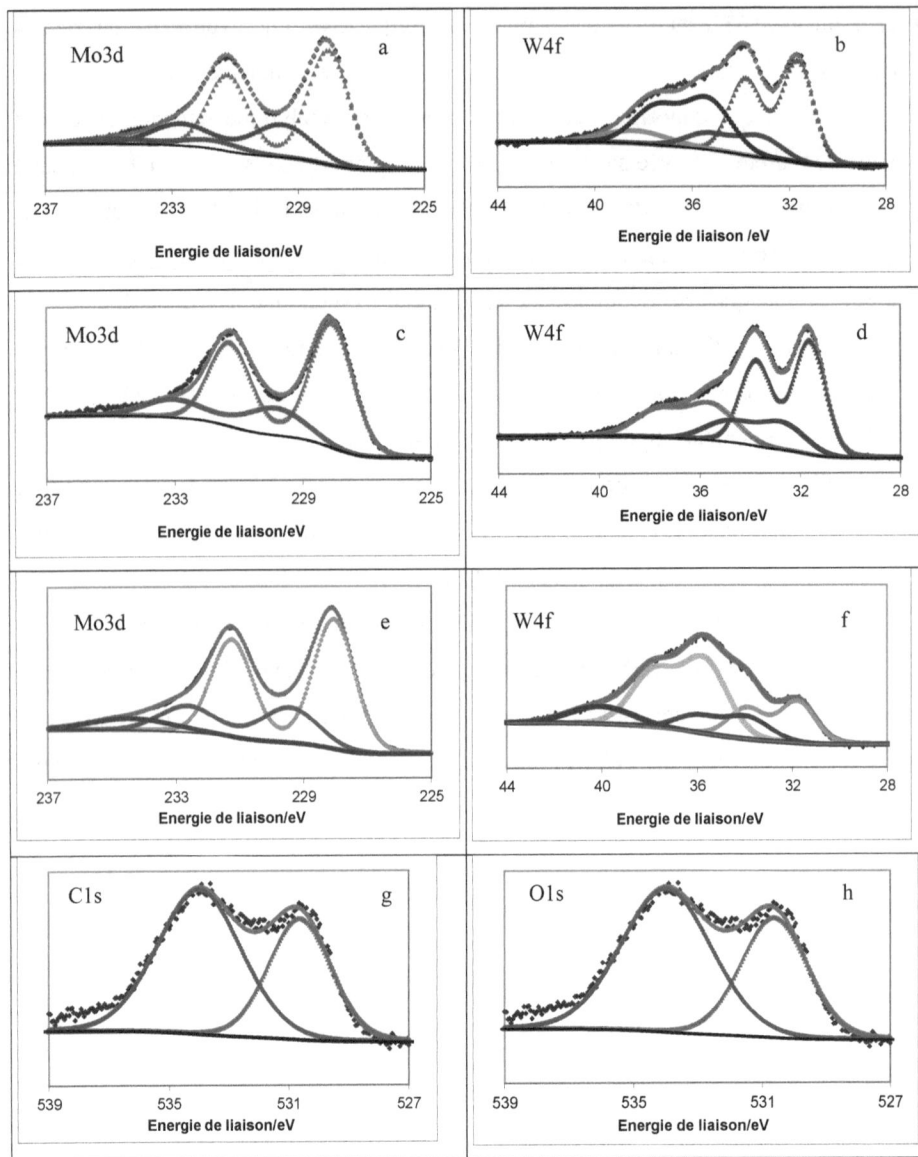

Figure 3. 13 : Spectres XPS des oxycarbures mixtes : (a) et (b) pour Mo/W = 3M ;
(c) et (d) pour Mo/W = 1M ; (e) et (f) pour Mo/W = 1/4M.

En résumé, les systèmes catalytiques étudiés contiennent toujours une phase mixte, cubique, correspondant à un oxycarbure de molybdène – tungstène. Dans cette phase, le molybdène est totalement réduit (Mo^0 et $Mo^{\delta+}$) tandis que le tungstène subsiste encore à 20% sous forme VI+. Le catalyseur de rapport Mo/W = 1 est pur, tandis que Mo/W = 1/4M contient aussi une phase W_2C. Le catalyseur Mo/W = 3M est formé de la phase mixte, de Mo_2C et de W_2C dont on ne tiendra pas compte. Pour le catalyseur Mo/W = 1/4M, la phase supplémentaire est totalement carburée alors que sur Mo/W = 3M, il subsiste du molybdène VI.

	Mo/W = 1/4M			Mo/W = 1M			Mo/W = 3M		
	Oxyde	Activé	Après catalyse	Oxyde	Activé	Après catalyse	Oxyde	Activé	Après catalyse
C carbure		283,0	283,1		283,0	283,2		283,0	283,1
C-O	284,5	284,5	284,5	284,6	284,3	284,5	284,5	284,5	284,5
C-O-O	287,0	287,0	287,0	287,0	287,0	286,2	287,2	287,0	287,0
O oxyde	530,3	530,5	530,6	530,4	530,5	530,5	530,3	530,5	530,6
O oxyde	534,0	533,5	534,4	533,2	533,5	533,5	534,0	533,5	54,4
Mo^0		228,1 (84%)	228,0 (88%)		228,1 (82%)	228,1 (84%)		228,0 (72%)	228,0 (72%)
$Mo^{4+,\delta+}$		229,3 (16%)	229,4 (12%)		229,5 (18%)	229,5 (16%)		229,3 (20%)	229,4 (19%)
Mo^{6+}	232,3 (100%)			232,4			232,3	232,0 (8%)	232,0 (9%)
$W^{0,\delta+}$		31,6 (66%)	31,6 (68%)		31,6 (63%)	31,7 (65%)		31,6 (64%)	31,6 (55%)
W^{4+}		32,7 (15%)	32,7 (16%)		32,7 (16%)	32,7 (16%)		32,7 (15%)	32,7 (11%)
W^{6+}	35,2 (100%)	35,5 (19%)	35,4 (16%)	35,4	35,5 (21%)	35,4 (21%)	35,3	35,5 (21%)	35,4 (39%)

Tableau 3. 8 : Energies de liaison et répartition des degrés d'oxydation pour les trois oxycarbures mixtes.

Avant d'envoyer les échantillons en analyses chimiques, ils sont prétraités selon la méthode décrite dans le paragraphe 2. 2. 2.

Rapport atomique Mo/W Formule chimique	Quantité de CO adsorbée (µmol/g)	Surface spécifique (m²/g)
1/4 $Mo_{0.25}WC_{0.4}O_{0.7}$	3	57
1 $MoWC_{0.5}O_{0.6}$	6	54
3 $Mo_3WC_{0.6}O_{0.5}$	8	52

Tableau 3. 5 : Principales caractéristiques des oxycarbures mixtes.

La chimisorption de CO a été effectuée après un prétraitement du catalyseur. Une masse comprise entre 0,3 et 0,5 gramme de catalyseur est mise dans un réacteur tubulaire en pyrex. Un courant d'hydrogène (1 L/h) est envoyé sur le matériau et la température est montée jusqu'à 500°C pendant 3 heures.

Les quantités de CO adsorbées (tableau 3. 9) sont voisines pour les trois catalyseurs. Il faut tout de même noter que le catalyseur Mo/W = 1/4M possède un peu moins de sites métalliques hydrogénants tandis que Mo/W = 3M en possède plus que le catalyseur intermédiaire. Les surfaces spécifiques sont quant à elles du même ordre de grandeur.

3. 2. 3 Acidité des oxycarbures mixtes

Pour déterminer et quantifier l'acidité, nous avons de nouveau utilisé l'adsorption d'isopropylamine. Le prétraitement des catalyseurs est le même que pour les mélanges mécaniques (H_2, 500°C, 3h).

Le graphique d'adsorption d'isopropylamine par pulse pour le catalyseur Mo/W = 1M est représenté figure 3. 14. Quel que soit le catalyseur, le profil d'adsorption est le même.

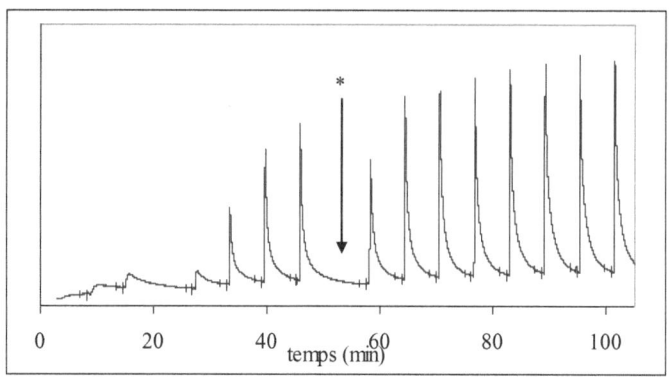

Figure 3. 14 : Adsorption d'isopropylamine sur Mo/W = 1M. P_{atm}, 100°C, 40 cc/min H_2/He (40/60 vol.). * Artefact dû à la non-rotation de la vanne d'injection.

De la même manière que pour la famille des mélanges mécaniques, le signal est nul (phase d'adsorption) puis croît jusqu'à devenir constant (saturation des sites acides). Les oxycarbures mixtes contiennent des sites acides.

La première colonne du tableau 3. 8 présente les quantités totales de sites acides sur chacun des catalyseurs. Les catalyseurs Mo/W = 1M et Mo/W = 3M possèdent à peu près le même nombre de sites acides, alors que le catalyseur Mo/W = 1/4M en possède le double.

Seule la désorption en température programmée (DTP) va permettre de connaître la nature de ces sites acides (Lewis et/ou Brönsted).

Catalyseur	Nb total de sites acides ($\mu mol/g_{cata}$)	Nb de sites de type Lewis ($\mu mol/g_{cata}$)	Nb de sites de type Brönsted ($\mu mol/g_{cata}$)
		Température de désorption (°C)	
Mo/W = 1/4M	20,4	3,8 (135 ; 165)	16,6 (256 ; 274)
Mo/W = 1M	9,4	1,8 (184)	7,6 (266 ; 290)
Mo/W = 3M	12,9	2,1 (165)	10,8 (232 ; 256)

Tableau 3. 9 : Quantité totale de sites acides et différenciation entre sites acides de Lewis et de Brönsted. Températures des maxima de désorption entre parenthèses.

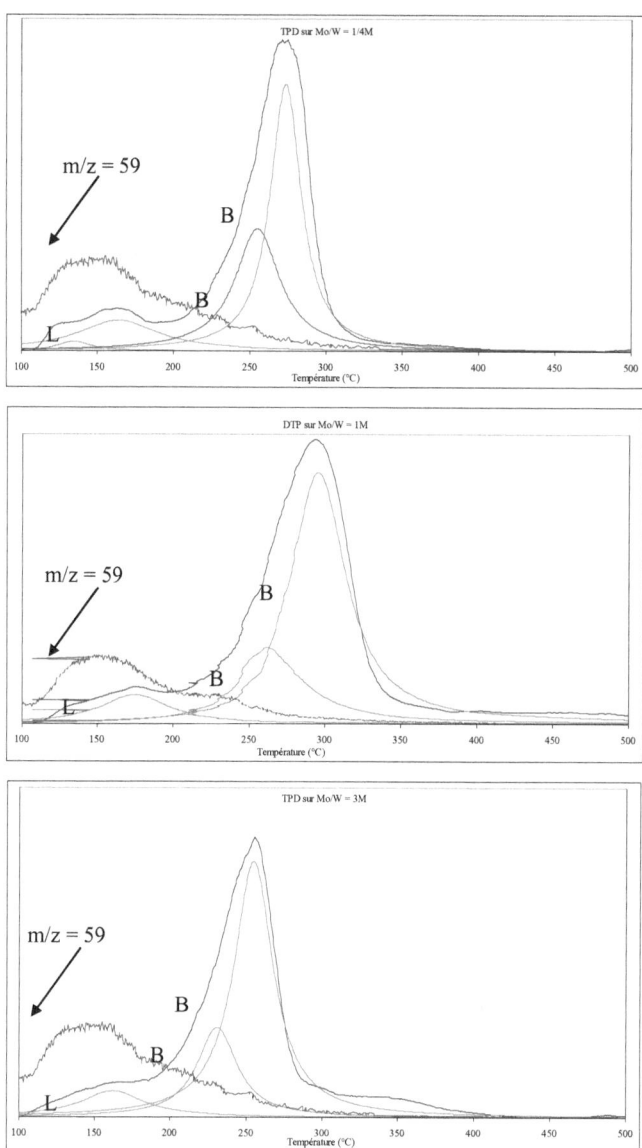

Figure 3. 15 : Profils de désorption en température programmée et attribution des pics : identification des sites acides de Brönsted.

Le signal de désorption a été décomposé en trois pics (figure 3. 15) ou en quatre pour Mo/W = 1/4M. Le suivi par spectrométrie de masse (SM) de la masse m/z = 59 (caractéristique de l'isopropylamine) permet d'attribuer les différents pics de désorption.

Pour chacun des trois catalyseurs, le signal m/z = 59 apparaît en même temps que les pics de désorption à basse température. Les deux derniers pics correspondent à des sites acides de Brönsted.

Les températures de désorption sont représentatives de la force des sites acides (tableau 3. 9). Pour le catalyseur Mo/W = 3M, les températures de désorption de l'isopropylamine issue des sites acides de Brönsted sont 232 et 256°C. Pour Mo/W = 1/4M, elles valent 256 et 274°C. Enfin, pour Mo/W = 1M, elles sont de 266 et 290°C. C'est donc Mo/W = 3M qui possède les sites acides les moins forts, et Mo/W = 1M qui possède les plus forts, Mo/W = 1/4M ayant des sites moyens.

Les sites acides les plus forts sont donc attribuables à la phase mixte seule. Sur le catalyseur de rapport Mo/W égal à 3, deux espèces sont susceptibles d'adsorber l'isopropylamine : la phase mixte mais aussi le molybdène VI qui peut contenir des défauts de surface.

Sur Mo/W = 1/4M, deux espèces adsorbent l'isopropylamine : la phase mixte et W_2C qui a été montré comme étant bifonctionnel pour l'isomérisation du n-heptane [4] et donc possédant des sites acides de Brönsted.

Comme il a été vu dans la partie précédente, les catalyseurs subissent une phase de mise en régime lors de la réaction catalytique. C'est à l'issue de cette période que le régime quasi stationnaire est atteint. Nous avons vu que, pour les mélanges mécaniques, la chute de la conversion observée pendant cette période est due à un cokage des sites acides de Brönsted les plus forts. L'étude des sites acides après mise en régime va permettre de savoir si le même phénomène a lieu sur les oxycarbures mixtes.

Quel que soit le catalyseur, les quantités d'amine adsorbées sont moins importantes après la mise en régime (tableau 3. 10) : des sites acides ont disparu.

Comme sur les catalyseurs « frais », les courbes de désorption ont été décomposées en trois pics. Les sites acides de Lewis correspondent toujours au premier pic de désorption, les deux autres sont attribuables aux sites acides de Brönsted (figure 3. 16).

D'après le tableau 3. 10, il apparaît que les sites acides de Lewis et les sites acides de Brönsted sont en moins grande quantité après mise en régime. La diminution du nombre de sites acides de Lewis peut être attribuable à une recarburation de surface [11, 12] non observable par XPS, l'épaisseur d'analyse étant grande.

La chute du nombre de sites acides de Brönsted est attribuable à du coke qui se formerait sur la surface pendant la réaction catalytique. En effet, comme sur les catalyseurs obtenus par mélange mécanique, un pic supplémentaire désorbant vers 500°C est observé ; il correspond à l'élimination du coke formé pendant l'isomérisation du n-heptane.

Il faut noter que, après mise en régime des catalyseurs, toutes les températures de désorption sont équivalentes entre elles : les sites acides de Brönsted ont la même force.

Catalyseur	Quantité totale de sites acides ($\mu mol/g$)		Nombre de sites acides de Lewis ($\mu mol/g$)		Nombre de sites acides de Brönsted ($\mu mol/g$)	
	Avant catalyse	Après catalyse	Avant catalyse	Après catalyse	Avant catalyse (T_{des} en °C)	Après catalyse (T_{des} en °C)
Mo/W = 1/4M	20,4	7,8	3,8	1,0	16,6 (256 ; 274)	6,8 (274 ; 294)
Mo/W = 1M	9,4	6,6	1,8	0,7	7,6 (266 ; 290)	5,9 (262 ; 294)
Mo/W = 3M	12,9	5,3	2,1	0,5	10,8 (232 ; 256)	4,8 (275 ; 294)

Tableau 3. 10 : Quantité de sites acides (total, de type Lewis, de type Brönsted) pour les trois catalyseurs, avant et après isomérisation du *n*-heptane.

Pour le catalyseur Mo/W = 1M (phase mixte pure), 22% des sites acides de Brönsted ont disparu et les températures de désorption correspondant aux sites acides de Brönsted ne varient pas. Sur les deux autres catalyseurs, plus de 55% des sites acides de Brönsted sont consommés et les températures de désorption sont plus élevées, contrairement à ce qui se passe sur les catalyseurs préparés par mélange mécanique. Les sites acides sont plus isolés car moins nombreux et vont voir leur force augmenter, de la même manière que sur les zéolithes [13].

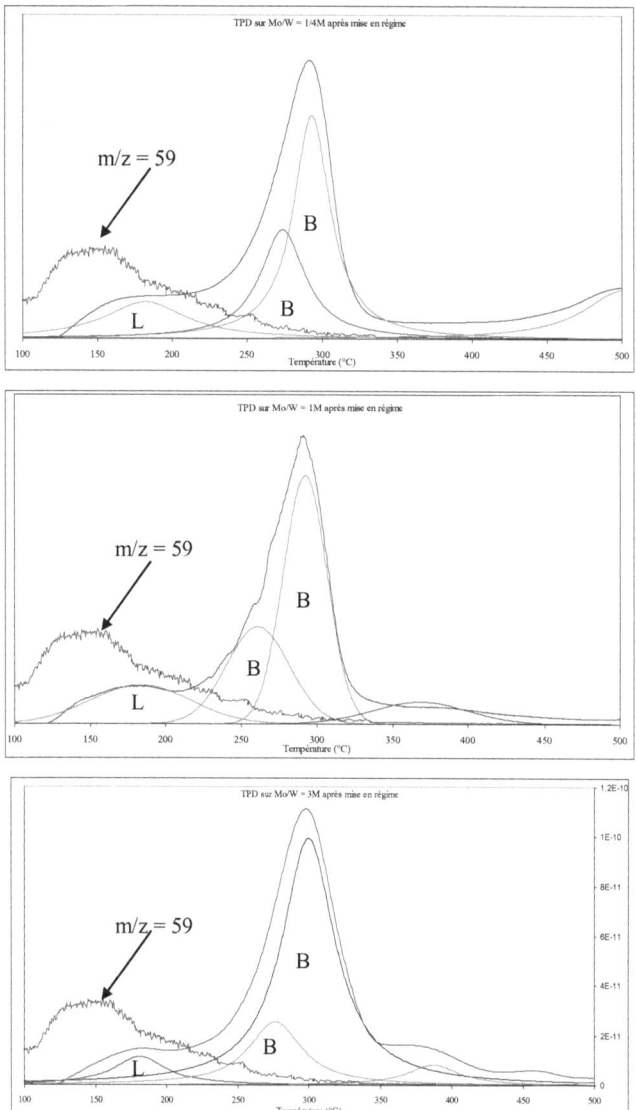

Figure 3. 16 : Profils de désorption en température programmée sur les trois catalyseurs après isomérisation du *n*-heptane.

La mise en régime lors des premières heures de la réaction catalytique a donc pour effet de faire diminuer le nombre de sites acides. Une recarburation de surface est observée par la diminution du nombre de sites acides de Lewis. La disparition de certains sites acides de Brönsted amène ceux qui restent à être isolés, leur force devenant plus grande. Les catalyseurs ont tous une force de sites acides de Brönsted équivalente après mise en régime. L'observation d'un pic supplémentaire vers 500°C sur les catalyseurs ayant travaillé indique que le coke formé est réversible.

3. 2. 4 Conclusion

Le traitement thermique à 750°C de mélanges d'oxydes de différents rapports atomiques (Mo/W = 1/4 ; 1 et 3) a permis de mettre en évidence une phase mixte $Mo_{0,47}W_{0,53}O_3$ commune aux trois catalyseurs. L'oxyde en excès selon le rapport atomique reste sous sa forme initiale.

La carburation de ces oxydes sous un mélange éthane/hydrogène a conduit à la formation d'un oxycarbure mixte de formule $MoWC_{0,5}O_{0,6}$ et d'un excès de Mo_2C ou W_2C. Les catalyseurs obtenus possèdent une surface de l'ordre de 50 m²/g. ils sont capables de chimisorber le CO, caractéristique d'une fonction métallique hydro/déshydrogénante.

L'analyse XPS indique que le molybdène est carburé pour les catalyseurs Mo/W = 1/4M et 1M, 10% restant sous forme oxyde VI pour Mo/W = 3M. Le tungstène est, quant à lui, carburé à 80%.

L'utilisation de la technique d'adsorption-désorption d'isopropylamine a permis de quantifier les sites acides de Lewis et de Brönsted. La disparition des sites de Lewis observée après mise en régime du catalyseur a permis de montrer que les matériaux subissent une recarburation de surface qui n'est pas observable par XPS. La disparition de certains sites de Brönsted est attribuée à du coke formé en surface lors de la réaction catalytique. Une fois le régime quasi stationnaire atteint, les forces des sites acides de Brönsted sont équivalentes pour les trois catalyseurs. La diminution du nombre de sites acides de Brönsted amène à l'isolement des sites acides restants ; ils deviennent alors plus forts. C'est ce qui est observé sur les zéolithes lorsque le rapport Si/Al augmente.

Partie 3 : Conclusion

Les catalyseurs ont été caractérisés à l'issu de la synthèse et dans les conditions les plus proches de la réaction catalytique afin de connaître leurs propriétés lors de leur utilisation.

Deux types de familles de catalyseurs ont été étudiés grâce à plusieurs méthodes physico-chimiques : la famille des mélanges mécaniques et la famille des oxycarbures mixtes.

Pour obtenir les oxycarbures mixtes, une étape de traitement en température sous vide a été nécessaire, dans l'espoir d'obtenir des oxydes mixtes monophasiques de composition Mo/W variable. Dans les deux cas, la carburation des oxydes précurseurs grâce à l'utilisation d'éthane à basse température a permis d'obtenir des catalyseurs de surface spécifique suffisante pour une réaction catalytique : 20 m²/g pour les catalyseurs de la famille des mélanges mécaniques, 50 m²/g pour les oxycarbures mixtes.

L'étude par diffraction des rayons X, microscopie électronique à transmission et EDX a montré que, pour les mélanges mécaniques, deux phases sont obtenues Mo_2C et W_2C. Pour les oxycarbures mixtes, une nouvelle phase a été synthétisée. Il s'agit d'une phase mixte oxycarbure de formule $MoWC_{0,5}O_{0,6}$. Elle est pure dans le cas du mélange Mo/W = 1, mais pour les deux autres rapports (Mo/W = 1/4 et Mo/W = 3) l'oxyde en excès par rapport à la stoechiométrie 1/1 se retrouve sous forme carbure (W_2C et Mo_2C).

L'analyse XPS montre que, pour la famille des mélanges mécaniques, le molybdène est pratiquement totalement carburé et le tungstène réduit à 30%, le reste étant sous forme oxyde. Les oxycarbures mixtes sont plus carburés : le molybdène et le tungstène sont carburés à plus de 80%. Après mise en régime sous flux réactionnel, aucune modification des degrés d'oxydation du molybdène et du tungstène n'a été observée, et ce sur tous les catalyseurs étudiés.

Les sites métalliques hydro/déshydrogénants ont été quantifiés par chimisorption de CO. Pour les catalyseurs de la famille des mélanges mécaniques, le carbure de molybdène est responsable de la présence de ces sites. La nouvelle phase oxycarbure possède des sites métalliques hydro/déshydrogénants. La présence de Mo_2C dans le catalyseur Mo/W = 3M implique un plus grand nombre de sites métalliques. Les catalyseurs de la famille des mélanges mécaniques possèdent plus de sites métalliques que ceux de la famille des mélanges mixtes.

La mise au point d'une nouvelle méthode basée sur l'adsorption-désorption d'isopropylamine nous a amenés à quantifier les sites acides de Lewis et de Brönsted, ces derniers étant responsables de l'activité catalytique.

Dans le cas de la famille des mélanges mécaniques, le nombre et la force (température de désorption de l'isopropylamine) des sites acides sont différents sur les catalyseurs frais. Plus il y a de tungstène dans le catalyseur et plus les sites acides de Brönsted sont nombreux, mais moins ils sont forts. La réciproque a été vérifiée. La quantification des sites acides de Brönsted, après mise en régime, nous a permis de montrer que la chute d'activité observée est due à un cokage sur les sites acides de Brönsted les plus forts. Les forces des sites acides deviennent équivalentes pour les trois rapports atomiques étudiés, le nombre reste différent.

Dans le cas des oxycarbures mixtes, cette nouvelle méthode a permis de montrer que la phase $MoWC_{0,5}O_{0,6}$ est acide, capable d'adsorber l'amine. La mise en régime des catalyseurs amène à une recarburation de surface (non observable par XPS) et à une perte en nombre des sites acides de Brönsted. En revanche, ici, les sites acides deviennent isolés et par conséquent plus forts. De la même manière que pour les catalyseurs obtenus par mélange mécanique, la force des sites acides de Brönsted est équivalente pour les trois catalyseurs.

Dans le cas des oxycarbures mixtes de rapport Mo/W = 1/4 et 3, la présence d'une phase supplémentaire entraîne certaines différences sur les propriétés des produits issus de l'activation : augmentation des sites hydro/déshydrogénants avec Mo_2C tandis que W_2C possède à la fois des sites métalliques et acides.

Les six catalyseurs étudiés présentent à la fois des sites métalliques hydro/déshydrogénants et des sites acides de Brönsted. La variation du rapport Mo/W a conduit à la modification du rapport entre la fonction métallique et la fonction acide et par conséquent à la variation de la balance entre ces deux fonctions.

Références bibliographiques

[1]   L. Volpe and M. Boudart, J. Sol. Stat. Chem. (1985) **59**, 348.

[2]   L. H. Green in "Hydrotreatment and Hydrocracking of Oil Fractions" (G. F. Froment,   B. Delmon, et P. Grange, Eds), Elsevier Science (1997), 485.

[3]   M. J. Ledoux, F. Meunier, B. H., C. Pham-Huu, M. E. Harlin and A. O. I. Krause,   Appl. Catal. A (1999) **181**, 157.

[4]   Thi Lan Huong Pham, Thèse Université Pierre et Marie Curie (2002).

[5]   V. Schwartz, V. Teixeira da Silva and S. T. Oyama, J. Mol. Cat. A (2000) **163**, 251.

[6]   J.-S. Choi, G. Bugli and G. Djéga-Mariadassou, J. Catal. (2000) **193**, 238.

[7]   Thierry Bécue, Thèse Université Pierre et Marie Curie (1996).

[8]   L. Ramqvist, K. Hamrin, G. Johansson, A. Fahlman, and C. Nordling, J. Phys. Chem.   (1969) **30**, 1835.

[9]   P. Pérez-Romo, C. Potvin, J.-M. Manoli and G. Djéga-Mariadassou, J. Catal. (2002) **205**, 191.

[10]   D. J. Parrillo, A. T. Adamo, G. T. Kokotailo and R. J. Gorte., Appl. Catal. (1990) **67**,   107.

[11]   Patricia Pérez-Romo, Thèse, Université Pierre et Marie Curie (1999).

[12]   Sophie Sellem-Piro, Thèse, Université Pierre et Marie Curie (1996).

[13]   A. Corma, Chem. Rev. (1995) **95**, 559.

Chapitre 4

Isomérisation bifonctionnelle du *n*-heptane

L'objectif de ce chapitre est triple.

Dans un premier temps, les caractéristiques générales de la réaction seront précisées. Nous verrons l'influence de la pression d'hydrogène ainsi que les limitations diffusionnelles. Les produits clés de la transformation du *n*-heptane seront aussi rappelés.

La deuxième partie sera consacrée à l'étude de la transformation du *n*-heptane (hydrocarbure saturé ayant un nombre d'atomes de carbone représentatif des alcanes linéaires en raffinage) utilisée comme réaction modèle pour mettre en évidence la bifonctionnalité (fonction métallique et fonction acide) des catalyseurs. La détermination des mécanismes d'isomérisation du *n*-heptane sur les carbures synthétisés par mélange mécanique et sur les oxycarbures mixtes de molybdène et de tungstène y sera traitée.

Enfin, la dernière partie fera l'objet de l'étude cinétique de la conversion du *n*-heptane à la pression atmosphérique. Le modèle cinétique de l'isomérisation bifonctionnelle sera décrit. La cinétique de la réaction globale sera étudiée et les performances des catalyseurs comparées.

4. 1 Caractéristiques générales de la réaction

Cette partie est consacrée à la détermination des conditions expérimentales d'étude de la réaction : choix de la pression d'hydrogène, contrôle de la limitation diffusionnelle. D'autre part, les produits clés de la transformation du *n*-heptane seront décrits. Par ailleurs, la distribution en produits hydrogénés peut être différente.

4. 1. 1 Choix de la pression d'hydrogène

Pham [1] a montré dans sa thèse que l'hydroconversion du *n*-heptane sous une pression totale de 6 bars permettait de diminuer la participation de la réaction de craquage et ainsi de limiter la désactivation du catalyseur par cokage.

Elle a aussi montré qu'à un temps de contact de 0,07 seconde sous 6 bars, la conversion était identique à celle obtenue à pression atmosphérique à un temps de contact de 0,5 seconde.

Nous nous attendions à avoir le même genre de comportement sur nos catalyseurs.

Nous avons voulu étudier la cinétique d'isomérisation du *n*-heptane sur nos matériaux à pression modérée (6 bars).

Le prétraitement avant catalyse sous pression est celui utilisé par Da Costa [2] et Pham [1] : le catalyseur est traité 1 heure sous hydrogène à 150°C et sous 6 bars, le débit étant de 150 cc/min. Il est ensuite chauffé jusqu'à la température de réaction sous un mélange   *n*-heptane/hydrogène, à la même pression totale (6 bars).

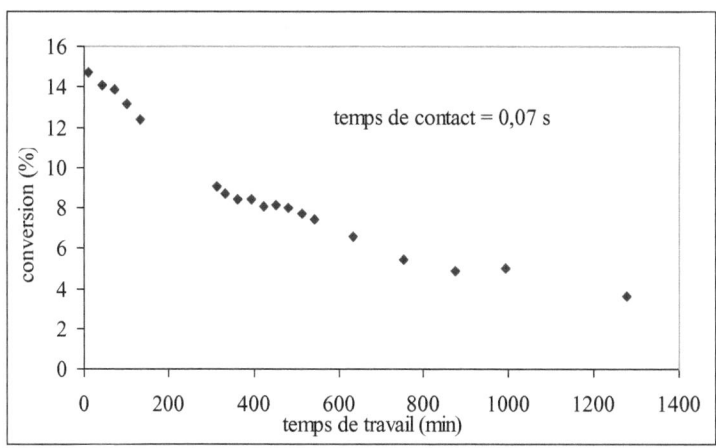

Figure 4. 1 : Conversion du *n*-heptane en fonction du temps de travail sur un catalyseur Mo/W = 1 (mélange mécanique) à P = 6 bars ; $T_{réaction}$ = 300°C ; H_2/nC_7 = 14,8 ; masse de catalyseur = 0,4 g.

La figure 4. 1 montre tout d'abord que le catalyseur se désactive sous pression d'hydrogène sans atteindre d'état stationnaire, même après 1300 minutes de travail. D'autre part, la conversion obtenue sous pression (3,6%) est loin de celle obtenue à pression atmosphérique (25%).

Le tableau 4. 1 montre que la sélectivité en isomérisation s'écroule lorsque la réaction est réalisée sous une pression de 6 bars d'hydrogène. Parallèlement, les réactions d'hydrogénolyse et de craquage croissent de manière significative. L'augmentation de la sélectivité en méthane indique que c'est la réaction d'hydrogénolyse qui augmente avec le temps de travail. La réaction de déshydrogénation augmente elle aussi sous pression d'hydrogène.

Temps de travail (min)	Isomérisation (%)	Hydrogénolyse/craquage (%)	C_1 (%)	Déshydrogénation (%)
11	92,6	7,5	4,6	0,25
132	72,4	27,3	17,1	0,35
313	67,9	31,6	19,0	0,54
1276	32,4	66,8	31,1	0,76

Tableau 4. 1 : Evolution des sélectivités en fonction du temps de travail sur un catalyseur Mo/ = 1 (mélange mécanique) à P = 6 bars ; $T_{réaction}$ = 300°C ; H_2/nC_7 = 14,8.

Nos catalyseurs ne semblent donc pas être stables sous pression d'hydrogène. Ils deviennent de plus en plus métalliques, au détriment de la fonction acide, ce qui explique la chute de sélectivité observée. En effet, les catalyseurs synthétisés par mélange mécanique sont formés de deux phases (chapitre 3) : un carbure de molybdène Mo_2C et un oxyde de tungstène WO_2. Les analyses XPS ont montré qu'une partie du tungstène était carburée et que le molybdène était encore sous forme 6+ à raison de 10%. Sous pression d'hydrogène et avec un flux d'heptane, le catalyseur est susceptible de se recarburer [3, 4], du moins en surface et ainsi la réactivité observée à pression atmosphérique est totalement modifiée du fait que le catalyseur devient plus métallique.

Au vu de ces résultats, nous avons étudié la cinétique d'isomérisation du n-heptane à pression atmosphérique. Bien évidemment, les mêmes phénomènes peuvent avoir lieu à pression atmosphérique, mais sous pression, ils sont exacerbés et beaucoup plus rapides. Nous les avons négligés car ils sont peu visibles après mise en régime pour l'étude à pression atmosphérique.

4. 1. 2 Contrôle de la limitation diffusionnelle

Nous avons effectué sur le catalyseur Mo/W = 1 obtenu par mélange mécanique une série d'expériences en faisant varier le couple masse du catalyseur - débit total de mélange réactif afin d'obtenir pour chaque essai un temps de contact constant.

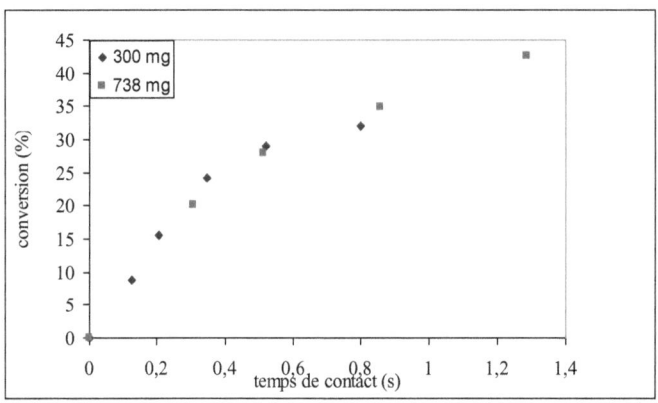

Figure 4. 2 : Contrôle de la limitation diffusionnelle à 300°C

Les résultats présentés sur la figure 4. 2 montrent que la conversion varie à partir d'un temps de contact supérieur à 0,52 seconde. Il existe donc une limitation diffusionnelle pour les temps de contacts supérieurs à 0,52 seconde, c'est pourquoi l'étude cinétique sera limitée à la gamme de temps de contact compris entre 0 et 0,52 seconde.

4. 1. 3 Les produits clés de la transformation du *n*-heptane

Le tableau 4. 6 regroupe les types de mécanismes ainsi que les composés majoritaires obtenus dans les réactions monofonctionnelles métallique ou acide, ou bifonctionnelle. L'isomérisation est minoritaire dans le cas des processus monofonctionnels qui conduisent, soit à de l'hydrogénolyse avec une répartition homogène de petites molécules linéaires (monofonctionnel métallique), soit à du craquage avec formation de propane et d'*iso*butane (monofonctionnel acide). L'isomérisation bifonctionnelle à faible taux de conversion (< 30%) présente une bonne sélectivité en isomérisation avec majoritairement le 2-méthylhexane et le 3-méthylhexane dans un rapport $0,5 < 2mC_6/3mC_6 < 1$.

Type de mécanisme	Composés « clés » majoritaires
Monofonctionnel métallique	
	Hydrogénolyse
Intermédiaire cyclique à 5	1,2-diméthylcyclopentane ;
atomes de carbone	éthylcyclopentane
Monofonctionnel acide	
	Craquage ; *iso*butane ; propane
Intermédiaire ion carbénium	iC_4/nC_4 élevé (> 8)
	isomères
Bifonctionnel	
Intermédiaire ion carbénium,	2-méthylhexane ; 3-méthylhexane
branchement cyclopropane	**$2mC_6/3mC_6 = 0,5$ en théorie**
Intermédiaire ion carbénium,	2-méthylhexane ; 3-méthylhexane
branchement saut d'alkyle	**$2mC_6/3mC_6 = 1$ en théorie**

Tableau 4. 2 : Composés « clés » suivant le type de mécanisme intervenant lors de la réaction du *n*-heptane.

4. 1. 4 Conclusion

Les conditions retenues pour l'étude de la réaction sont les mêmes pour les deux familles de composés. Elle a lieu à 300°C, ce qui permet de diminuer le craquage et de se rapprocher des conditions thermodynamiques plus favorables à l'isomérisation, et à la pression atmosphérique. La pression partielle de *n*-heptane varie de $4,2.10^3$ Pa à $18,1.10^3$ Pa correspondant à des températures de saturateur allant de 19 à 50°C. Le gaz porteur étant l'hydrogène, le rapport H_2/n-heptane est conservé constant et égal à de 14,8. La masse de catalyseur utilisé est comprise entre 300 et 740 mg.

4. 2 Bifonctionnalité des catalyseurs obtenus par mélange mécanique

Nous allons étudier les comportements catalytiques lors de la transformation du n-heptane des catalyseurs préparés par mélange mécanique et de rapport atomique Mo/W égal à 1/4 ; 1 ; et 3, carburés à basse température (600°C) avec l'éthane.

Les catalyseurs se désactivent lors des neuf premières heures de la réaction à pression atmosphérique avant d'atteindre l'état quasi stationnaire. Les distributions des produits en sortie de réacteur ont alors été comparées. Afin de mettre en regard les différents types de réaction intervenant, les sélectivités sont exprimées en pourcentage des produits en phase vapeur pour 100 moles de n-heptane transformées.

4. 2. 1 Mise en régime des catalyseurs

La figure 4. 3 présente l'évolution de la conversion au cours du temps de travail, pour un même temps de contact pour les trois catalyseurs ayant différents rapports Mo/W.

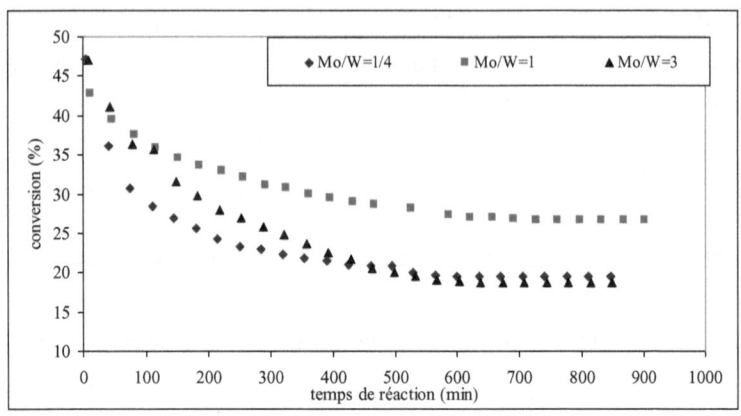

Figure 4. 3 : Evolution de la conversion totale du *n*-heptane (%) en fonction du temps de travail (min) pour les mélanges mécaniques. $T_{réaction}$ = 300°C ; H_2/nC_7 = 14,8 ; P_{nC7} = 50,7 torr ; masse de catalyseur = 0,3g.

D'après la figure 4. 3, le catalyseur le plus actif est celui dont le rapport Mo/W vaut 1 même si l'activité initiale des deux autres catalyseurs est plus élevée. La désactivation du catalyseur de rapport 1 est plus faible que celle des catalyseurs de rapport 1/4 et 3.

Souvent, cette désactivation est associée à du coke qui se formerait en surface sur les sites acides. L'étude du nombre de sites acides détaillée dans le chapitre précédent montrait que la quantité de sites acides de Brönsted diminuait lorsque l'on comptait ces sites sur un catalyseur « frais » et sur un catalyseur après réaction catalytique. Cette observation montre clairement que la désactivation (ou mise en régime) est due au cokage des sites acides de Brönsted les plus forts, ce qui amène à une diminution de l'activité catalytique. D'autre part, lors de la désorption en température programmée sur les catalyseurs après mise en régime, nous avons observé un pic supplémentaire vers 500°C. Ce pic désorbe à la température à laquelle le prétraitement des catalyseurs se fait. Il correspondrait à un nettoyage de la surface, et notamment à un décokage de la surface, ce pic n'étant observé que sur les catalyseurs ayant déjà travaillé, c'est-à-dire sur les catalyseurs dont les sites acides forts étaient occupés par des molécules de coke.

4. 2. 2 Etude de la balance fonction métallique/fonction acide

Réaction d'isomérisation

Les résultats obtenus (tableau 4. 3) montrent que la réaction d'isomérisation est majoritaire sur nos catalyseurs : de 86% pour Mo/W = 1/4 à 94% pour Mo/W = 1. Nous verrons pourquoi le catalyseur Mo/W = 1 a une conversion plus élevée que les deux autres catalyseurs dans la suite de ce paragraphe. Parmi les produits détectés, les plus abondants sont les isomères monobranchés ($2mC_6$ et $3mC_6$). Le rapport 2-méthylhexane/3-méthylhexane est proche de 1 pour les trois catalyseurs indiquant que le mécanisme mis en jeu est bifonctionnel via un saut d'alkyle (tableau 4. 2).

La réaction d'isomérisation atteint un maximum pour le catalyseur Mo/W = 1 (figure 4. 4). Elle est légèrement inférieure pour le catalyseur Mo/W = 3 et plus faible encore pour le catalyseur de rapport 1/4.

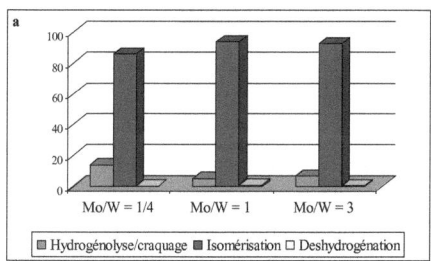 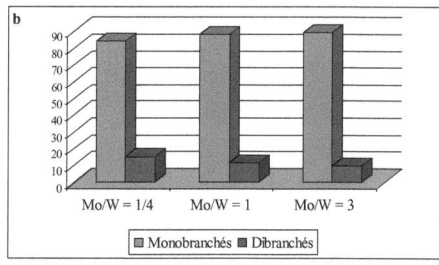

Figure 4. 4 : Variation de la sélectivité (%) des produits issus de la transformation du *n*-heptane, classés par type de réaction (a) et répartition des isomères monobranchés et dibranchés (b) en fonction du rapport Mo/W après 9 heures de travail. $T_{réaction}$ = 300°C ; H_2/nC_7 = 14,8 ; P_{nC7} = 50,7 torr ; masse de catalyseur = 0,3g.

Mo/W	1/4	1	3
Conversion	19,7	27,0	19
Sélectivité	86	94	93
$2mC_6$	32,1	37,5	36,1
$3mC_6$	30,9	38,3	38,4
$3EtC_5$	2,3	2,9	2,9
diB	15,1	11,3	9,8
triB	0	0	0
$2mC_6/3mC_6$	1,04	0,98	0,94
hydrogénolyse	4,5	4,8	6,6
iC_4/nC_4	165	2,4	0
craquage	9,3	1,5	0

Tableau 4. 3 : Distribution des produits issus de la transformation du *n*-heptane sur la famille de catalyseurs mélange mécanique. $T_{réaction} = 300°C$; $H_2/nC_7 = 14,8$; $P_{nC7} = 50,7$ torr ; masse de catalyseur = 0,3 g ; $t_c = 0,5$ s.

Pourquoi de telles différences de conversions et de sélectivités ?

Nous avons montré dans le chapitre précédent que la phase Mo_2C est responsable de l'activité hydro/déshydrogénante tandis que la phase WO_2 assure l'acidité des matériaux.

Nous avons aussi montré que la mise en régime des catalyseurs (c'est-à-dire atteindre un palier de conversion stationnaire) conduit à une diminution du nombre de sites acides de type Brönsted par cokage. La désorption en température programmée d'amine a permis de montrer que les sites acides les plus forts de Brönsted sont masqués par ce coke.

Le tableau 4. 4 indique les quantités de sites métalliques et de sites acides par gramme de la phase concernée. Il faut noter que sur les catalyseurs Mo/W = 1/4 et Mo/W = 3, la quantité de sites hydrogénants par gramme de Mo_2C est du même ordre de grandeur. Pour Mo/W = 1, il est un peu plus élevé. Pour la quantité de sites acides de Brönsted par gramme de WO_2, les quantités sont identiques pour les trois catalyseurs. Ce tableau nous indique donc qu'en faisant varier le rapport Mo_2C/WO_2 (ou Mo/W), nous faisons varier le rapport entre les quantités de sites métalliques hydro/déshydrogénants et de sites acides de Brönsted. En d'autres termes, la variation du rapport Mo/W nous amène à la variation de la balance entre la fonction métallique et la fonction acide, en influant sur le nombre et la force des deux types de sites. Dans notre cas, en ce qui concerne la force des sites acides, dont l'image est la température de désorption de l'amine sur ses sites, il faut noter qu'elle est similaire sur tous les catalyseurs : les températures de désorption sont très proches les unes des autres. Nous faisons donc varier la balance en jouant sur le nombre de sites acides.

Dans 1 g de catalyseur	Masse de Mo_2C (g)	Masse de WO_2 (g)	Nb sites métalliques hydrogénants ($\mu mol/g_{Mo2C}$)	Nb sites acides de Brönsted ($\mu mol/g_{WO2}$)	T_{des} (°C)
Mo/W = 1/4	0,137	0,863	36	7	(230 ; 260)
Mo/W = 1	0,319	0,681	50	7	(260 ; 280)
Mo/W = 3	0,587	0,413	34	7	(275)

Tableau 4. 4 : Répartition des fonctions acide et métallique en fonction de la phase sur les catalyseurs, une fois l'état stationnaire atteint. Entre parenthèses sont rappelées les températures de désorption.

	Nb de sites métalliques ($\mu mol/g_{cata}$)	Nb de sites acides de Brönsted ($\mu mol/g_{cata}$)	$\dfrac{n_{métal.}}{n_{acide}}$
Mo/ W= 1/4	5	6	0,8
Mo/W = 1	16	4,7	3,4
Mo/W = 3	20	3	6,7

Tableau 4. 5 : Variation de la balance entre la fonction acide et la fonction métallique.

Le tableau 4. 5 rappelle les quantités de sites hydro/déshydrogénants et de sites acides et indique la valeur du rapport $n_{métal}/n_{acide}$ que nous utiliserons pour comparer les différentes balances. Il apparaît que c'est la valeur de cette balance qui est responsable des différences obtenues en conversions et sélectivités. Pour le catalyseur Mo/W = 1, la conversion ainsi que la sélectivité sont maximales (27% de conversion ; 94% de sélectivité) indiquant que la balance entre la fonction métallique et acide est bonne ($n_{métal}/n_{acide}$ = 3,4). En revanche, pour les deux autres catalyseurs, la conversion est moins bonne et de l'ordre de 20%. D'autre part, les sélectivités sont moins élevées (86 à 91%) indiquant que la balance est moins appropriée.

L'étude des produits issus de la transformation du n-heptane, et notamment celle concernant les réactions d'hydrogénolyse et de craquage, va nous permettre d'expliquer pourquoi cette balance est moins bonne.

Réactions d'hydrogénolyse et de craquage

Ces deux réactions sont inhérentes à la présence des deux fonctions acide et métallique. Ce sont des réactions inévitables à cette température. Elles sont minoritaires et ce sont des réactions parallèles, dues au fait qu'elles se passent sur les mêmes sites hydro/déshydrogénolysants et acides, respectivement.

Les produits issus de l'hydrogénolyse (sur les sites métalliques) sont les petites molécules linéaires : méthane (C_1), éthane (C_2), n-butane (nC_4), n-pentane (nC_5), n-hexane (nC_6). La réaction de craquage (sur les sites acides) provoque la formation des petites molécules à moins de sept atomes de carbone non linéaires : *iso*-butane (iC_4), *iso*-pentane (iC_5), *iso*-hexane (iC_6). En ce qui concerne le propane (C_3) qui peut provenir soit d'une hydrogénolyse, soit d'un craquage. Si $[C_3] = [iC_4]$, alors ce propane est issu du craquage et le complément est alors issu de l'hydrogénolyse. Quelles conséquences ont ces deux réactions ?

Nos catalyseurs étant majoritairement bifonctionnels, si l'hydrogénolyse est plus importante que le craquage, cela signifie que la fonction métallique est trop forte devant la fonction acide. Si c'est l'inverse, alors la fonction acide est trop importante par rapport à la fonction métallique.

Le tableau 4. 6 indique les sélectivités en molécules contenant moins de sept atomes de carbone. Il apparaît que pour le catalyseur Mo/W = 3, c'est l'hexane qui est le plus abondant. Pour le catalyseur Mo/W = 1/4, ce sont les C_3 et C_4 qui sont les plus abondants. Enfin, pour le catalyseur intermédiaire, les composés sont en quantité à peu près équivalente, à l'exception du méthane et de l'hexane qui sont en quantité légèrement plus grande. C'est donc la quantité de molécules à moins de sept atomes qui est responsable des différences de sélectivités obtenues sur nos catalyseurs.

	Sélectivité (%)		
Composé	Mo/W = 1/4	Mo/W = 1	Mo/W = 3
C_1	0,1	0,4	0,6
C_2	0,1	0,3	0,4
C_3	4,0	0,8	0,9
C_4	4,1	0,4	1,8
C_5	1,7	1,3	0,4
C_6	3,6	1,9	4,3

Tableau 4. 6 : Sélectivité (%) en produits issus de la réaction d'hydrogénolyse/craquage du *n*-heptane sur les catalyseurs de différents rapports Mo/W après 9 heures de travail. $T_{réaction}$ = 300°C ; H_2/nC_7 = 14,8 ; P_{nC7} = 50,7 torr ; masse de catalyseur = 0,3g.

Le tableau 4. 7 présente la répartition entre les composés ramifiés (notés *iso*) issus de la réaction de craquage et les composés linéaires, provenant de l'hydrogénolyse, ayant moins de sept atomes de carbone. Sur le catalyseur Mo/W = 1/4, le craquage est largement prédominant devant l'hydrogénolyse. Cette observation indique que ce catalyseur est trop acide. La balance fonction métallique/fonction acide « penche » donc du côté de l'acidité ($n_{métal}/n_{acide}$ petit). Pour le catalyseur Mo/W = 3, c'est l'hydrogénolyse qui est majoritaire devant le craquage, indiquant que ce catalyseur a une fonction métallique trop forte devant la fonction acide ($n_{métal}/n_{acide}$ grand). Pour le catalyseur intermédiaire, les réactions d'hydrogénolyse et de craquage sont équivalentes : aucune fonction n'est prépondérante devant l'autre : la balance entre la fonction métallique et la fonction acide est bonne.

	Sélectivité (%)		
Composé	*Mo/W = 1/4*	*Mo/W = 1*	*Mo/W = 3*
$\sum$*Craquage*	*10,4*	*2,0*	*1,5*
C_3	4,0	0,4	0,3
iC_4	4,1	0,4	0,3
iC_5	1,5	0,7	0,2
iC_6	0,8	0,5	*0,7*
$\sum$*Hydrogénolyse*	*3,3*	*3,0*	5,3
C_1	0,1	0,4	0,5
C_2	0,1	0,3	0,4
C_3	0	0,4	0,5
nC_4	0,02	0,05	0,8
nC_5	0,2	0,5	0,8
nC_6	2,9	1,4	2,3
iC_4/ nC_4	205	8	0,4

Tableau 4. 7 : Sélectivité (%) des produits issus des réactions de craquage et d'hydrogénolyse du *n*-heptane sur les catalyseurs de différents rapports Mo/W après 9 heures de travail. $T_{réaction}$ = 300°C ; H_2/nC_7 = 14,8 ; P_{nC7} = 50,7 torr ; masse de catalyseur = 0,3g.

Réaction de déshydrogénation

Les produits de déshydrogénation, *n*-heptènes ($nC_7^=$) et *iso*-heptènes ($iC_7^=$), sont en très faible quantité. Un simple calcul à partir des données thermodynamiques de l'équilibre d'hydrogénation ($nC_7^= + H_2 \rightleftharpoons nC_7$) à 300°C montre que le rapport d'équilibre $nC_7^=/nC_7$ est de $2,3.10^{-5}$; cette valeur explique que les *n*-heptènes n'ont pu être intégrés que dans un seul cas sur les chromatographes, les autres étant uniquement détectés. La réaction de déshydrogénation est donc très rapide et en quasi-équilibre avec la réaction inverse d'hydrogénation.

Conclusion

Nous venons de montrer que les catalyseurs sont majoritairement bifonctionnels. Cependant d'autres réactions peuvent intervenir en plus du mécanisme majoritaire.

Sur le catalyseur Mo/W = 1/4, la présence de produits issus du craquage indique qu'un mécanisme monofonctionnel acide entre aussi en jeu. Sur Mo/W = 3, un mécanisme monofonctionnel métallique intervient, c'est pourquoi les produits issus de l'hydrogénolyse sont observés. Sur le catalyseur intermédiaire, la balance étant bonne, une faible participation des deux types de mécanismes monofonctionnels intervient.

<u>4. 2. 3 Conclusion</u>

Les trois catalyseurs présentés dans cette partie montrent tous une sélectivité excellente (au moins supérieure à 86% et souvent supérieure à 90%).

Le mécanisme majoritaire se déroulant à la surface de ces matériaux est bifonctionnel par saut d'alkyle. Cependant, il faut noter que la variation du rapport Mo/W, entraînant une variation de la balance entre la fonction acide et la fonction métallique par le nombre (les forces des sites acides de Brönsted étant équivalentes) engendre quelques différences entre les trois catalyseurs. En effet, le catalyseur possédant le plus grand nombre de sites acides (Mo/W = 1/4), qui a été quantifié par adsorption-désorption d'isopropylamine, présente une sélectivité moins grande due au craquage qui a lieu. Le catalyseur ayant le moins de sites acides (Mo/W = 3) et donc le plus métallique présente quant à lui une hydrogénolyse plus importante due à la moins grande quantité de sites acides présents. Enfin, le catalyseur intermédiaire (Mo/W = 1) présente une bonne bifonctionnalité représentée par un rapport $2mC_6/3mC_6$ très proche de 1. Il apparaît donc que c'est ce dernier catalyseur qui présente la meilleure balance entre fonction acide et fonction métallique et est le plus à même d'isomériser au mieux le n-heptane comme l'indiquent les conversion (27%) et sélectivité (94%) obtenues sur ce catalyseur.

D'autre part, la réaction de déshydrogénation est très rapide et en quasi-équilibre avec la réaction inverse (hydrogénation), la concentration des heptènes étant très voisine de celles données par la thermodynamique, et ceci quel que soit le catalyseur.

4. 3 Bifonctionnalité des oxycarbures mixtes

De la même manière que pour les catalyseurs obtenus par mélange mécanique, nous allons étudier les comportements catalytiques lors de la transformation du *n*-heptane sur les oxycarbures mixtes de rapport atomique Mo/W égal à 1/4 ; 1 et 3 carburés à 660°C avec l'éthane, notés respectivement Mo/W = 1/4M, Mo/W = 1M et Mo/W = 3M.

Les catalyseurs se désactivent lors des neuf premières heures de la réaction à pression atmosphérique avant d'atteindre le régime quasi stationnaire. Les distributions des produits en sortie de réacteur ont été comparées. Les sélectivités sont exprimées en pourcentage des produits en phase vapeur pour 100 moles de *n*-heptane transformées.

4. 3. 1 Mise en régime des catalyseurs

La figure 4. 5 présente l'évolution de la conversion du *n*-heptane en fonction du temps de travail, pour un même temps de contact, pour les trois catalyseurs.

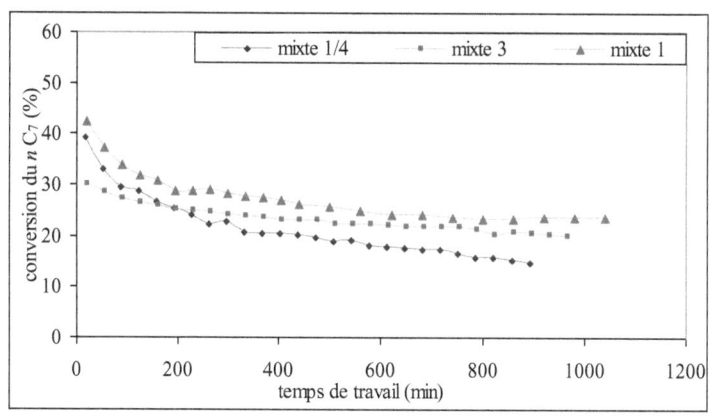

Figure 4. 5 : Evolution de la conversion totale du *n*-heptane (%) en fonction du temps de travail (min) pour les oxycarbures mixtes. $T_{réaction}$ = 300°C ; H_2/nC_7 = 14,8 ; P_{nC7} = 50,7 torr ; masse de catalyseur = 0,3g.

D'après la figure 4. 5, le catalyseur le plus actif est celui dont le rapport atomique vaut 1 et composé uniquement de la phase mixte oxycarbure. Le catalyseur Mo/W = 3M a une conversion en palier proche de celle du premier catalyseur. Le catalyseur le moins actif et celui qui se désactive le plus est Mo/W = 1/4M.

Cette désactivation est associée à du coke formé en surface des catalyseurs sur la famille des mélanges mécaniques. L'étude dans le chapitre précédent du nombre de sites acides de Brönsted sur les oxycarbures mixtes a montré que le nombre de sites acides de Brönsted après mise en régime est plus faible que sur un catalyseur frais. Ici encore, la désactivation peut être attribuée au cokage de certains acides de Brönsted, ce qui conduit à une diminution de l'activité catalytique. D'autre part, lors de la désorption en température programmée d'isopropylamine sur les catalyseurs après mise en régime, un pic supplémentaire aux environs de 500°C a été observé. Ce pic désorbant à la température de prétraitement des catalyseurs, il correspondrait à un décokage de la surface ; ce pic est observé uniquement sur les catalyseurs ayant déjà travaillé, c'est-à-dire sur ceux ayant perdu des sites acides de Brönsted. Si le catalyseur après mise en régime subit un traitement sous hydrogène à 500°C pendant

3 heures, alors l'activité catalytique initiale est retrouvée, confirmant l'hypothèse d'un nettoyage de la surface.

4. 3. 2 Etude de la balance fonction métallique/fonction acide

Réaction d'isomérisation

Pour tous les catalyseurs, la réaction d'isomérisation est majoritaire (tableau 4. 8) : de 91% pour Mo/W = 3M à 95% pour Mo/W = 1M.

Les différences de conversions et sélectivités observées seront expliquées dans la suite de ce paragraphe.

Parmi les produits détectés les plus abondants sont les isomères monobranchés (2-méthylhexane et 3-méthylhexane). Le rapport $2mC_6/3mC_6$ est proche de 1 pour tous les catalyseurs, indiquant que le mécanisme mis en jeu est majoritairement bifonctionnel par saut d'alkyle (tableau 4. 2).

La réaction d'isomérisation atteint un maximum pour Mo/W = 1M. Celle de Mo/W = 1/4M lui est équivalente. Elle est la moins grande pour Mo/W = 3M. Il faut noter que, quel que soit le catalyseur, la sélectivité à 300°C en isomérisation est supérieure à 90%.

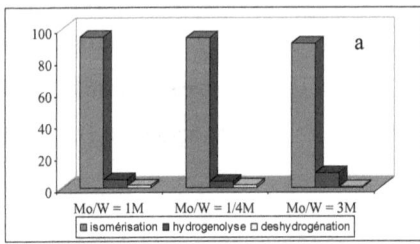 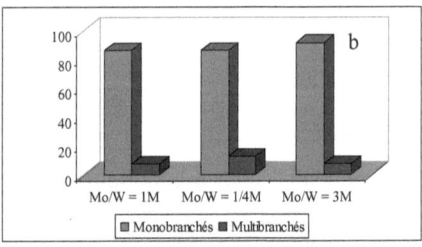

Figure 4. 6 : Variation de la sélectivité (%) des produits issus de la transformation du *n*-heptane, classés par type de réaction (a) et répartition des isomères monobranchés et dibranchés (b) en fonction du rapport Mo/W après 9 heures de travail. $T_{réaction}$ = 300°C ; H_2/nC_7 = 14,8 ; P_{nC7} = 50,7 torr ; masse de catalyseur = 0,3g.

Composé	Mo/W = 1/4M	Mo/W = 1M	Mo/W = 3M
Conversion (%)	9,23	23,8	20,8
Isomérisation (%)	95,9	94,8	90,6
$2mC_6$	40,2	40,7	35,9
$3mC_6$	38,5	41,1	38,2
$3EtC_5$	2,9	3,0	2,9
diB	11,7	7,9	7,6
triB	0	0	0
$2mC_6/3mC_6$	1,04	0,99	0,94
iC_4/nC_4	0	0	0
craquage (%)	0	0	0
hydrogénolyse (%)	3,8	5,2	8,8
C_1	0	0	0,5
C_2	0,2	0	0,5
C_3	0,2	1,9	1,0
nC_4	1,3	2,4	1,3
nC_5	1,0	0,4	1,0
nC_6	1,0	0,4	4,6

Tableau 4. 8. : Distribution des produits issus de la transformation du *n*-heptane sur la famille de catalyseurs oxycarbures. $T_{réaction}$ = 300°C ; H_2/nC_7 = 14,8 ; P_{nC7} = 50,7 torr ; masse de catalyseur = 0,3 g ; t_c = 0,5 s.

Le craquage étant nul pour tous les composés et ceci quel que soit le temps de contact, le propane (C_3) a été classé dans les produits issus de l'hydrogénolyse. En effet, le propane peut être issu des réactions d'hydrogénolyse et de craquage. Dans le cas où le propane proviendrait de la réaction de craquage, on doit avoir $[C_3] = [iC_4]$. S'il est issu uniquement de la réaction d'hydrogénolyse, on a $[iC_4] = 0$. C'est bien ce que l'on observe ici.

Nous avons montré dans le chapitre précédent que la phase mixte MoWOC adsorbe à la fois le CO et l'isopropylamine ; lors de la désorption de cette dernière, des sites acides de Brönsted ont pu être observés. Cette nouvelle phase oxycarbure est donc bifonctionnelle, alliant une fonction hydro/déshydrogénante à une fonction

102

acide de Brönsted. Les deux fonctions sont sur cette seule phase. Il est alors impossible d'associer les sites acides à une phase. Il en est de même pour W_2C qui a été montré comme bifonctionnel [1]. En revanche, Mo_2C est uniquement hydro/déshydrogénant : il ne contient aucune acidité [5]. D'autre part, dans le chapitre 3, nous avons vu que les forces des sites acides de Brönsted sont équivalentes sur les 3 catalyseurs, les températures de désorption de l'isopropylamine étant similaires. La balance entre la fonction métallique et la fonction acide varie donc grâce aux phases supplémentaires présentes sur nos catalyseurs. En effet, chacun des trois catalyseurs contient la nouvelle phase mixte oxycarbure. Le catalyseur Mo/W = 1M contient uniquement cette phase. Mais le catalyseur Mo/W = 3M contient aussi une phase Mo_2C, responsable d'une augmentation de la fonction métallique, ce qui est en accord avec l'hydrogénolyse importante trouvée sur ce catalyseur (tableau 4. 8). En revanche, pour Mo/W = 1/4M, la présence de W_2C amène certes une fonction métallique supplémentaire, mais aussi une fonction acide de Brönsted non négligeable. Il est difficile de définir l'influence respective de ces deux catalyseurs bifonctionnels. Notons que W_2C entraîne pour Mo/W = 1/4M une diminution de moitié de la conversion.

	Nb de sites métalliques (µmol/gcata)	Nb de sites acides de Brönsted (µmol/gcata)	$\dfrac{n_{métal.}}{n_{acide}}$
Mo/ W= 1/4M (MoWOC + W$_2$C)	2	6,8	0,3
Mo/W = 1M (MoWOC)	6	5,9	1,0
Mo/W = 3M (MoWOC + Mo$_2$C)	8	4,8	1,7

Tableau 4. 9 : Variation de la balance entre la fonction acide et la fonction métallique.

Le tableau 4. 9 rappelle les quantités de sites métalliques hydrogénants et acides de type Brönsted et indique le rapport $n_{métal}/n_{acide}$ que nous avons déjà utilisé pour comparer les différentes balances pour les catalyseurs synthétisés par mélange mécanique. Ici, ce rapport n'a de sens que pour le catalyseur Mo/W = 1M car il est formé d'une phase unique oxycarbure. Les deux autres catalyseurs contiennent une phase supplémentaire qui influe sur la balance en y amenant soit une fonction métallique supplémentaire (Mo/W = 3M) soit une bifonctionnalité (Mo/W = 1/4M). Dans le cas des mélanges mécaniques, ce rapport $n_{métal}/n_{acide}$ avait une signification car il s'agissait toujours des deux mêmes phases (Mo$_2$C et WO$_2$) et qui avaient par conséquent la même force. Dans le cas des oxycarbures mixtes, la force de la fonction métallique de Mo$_2$C n'est pas nécessairement la même que celle de MoWOC ; de même, les forces des fonctions métallique et acide de W$_2$C ne sont pas identiques à celles de l'oxycarbure mixte. Le rapport des balances s'écrit alors dans le cas de Mo/W = 1/4M :

$$\frac{f_{métal}}{f_{acide}} = \frac{n_{métalW_2C}F_{métalW_2C} + n_{acideMoWOC}F_{acideMoWOC}}{n_{acideW_2C}F_{acideW_2C} + n_{acideMoWOC}F_{acideMoWOC}}$$

où f est la fonction et F la force du site considéré.

Dans le cas de Mo/W = 3M, la fonction acide est celle de l'oxycarbure.

Nous ne connaissons pas les forces métallique et acide de W$_2$C, ni la force métallique de Mo$_2$C ; nous ne pouvons donc avoir accès à la balance entre la fonction métallique et la fonction acide pour les deux catalyseurs Mo/W = 1/4M et Mo/W = 3M.

Seule l'étude des produits issus des réactions parasites (hydrogénolyse dans ce cas) peut nous permettre de différencier ces catalyseurs en terme de balance.

Réactions d'hydrogénolyse et de craquage

Le tableau 4. 8 indique les sélectivités en molécules contenant moins de sept atomes de carbone. Quel que soit le catalyseur, le craquage est absent : aucune molécule « *iso* » n'est obtenue. Il s'agit donc uniquement de molécules issues de l'hydrogénolyse. Les trois oxycarbures mixtes sont donc trop métalliques : la balance penche du côté de la fonction métallique. C'est le catalyseur Mo/W = 3M qui possède le plus de produits issus de l'hydrogénolyse, ce qui est en accord avec la présence de Mo_2C, reconnu pour ses propriétés métalliques. Plus il y a de molybdène dans les catalyseurs et plus l'hydrogénolyse est importante, ce qui est en accord avec les différentes phases présentes sur nos catalyseurs et avec la quantité de sites métalliques hydro/déshydrogénants déterminée par chimisorption de CO.

Etant donné la faible quantité de sites métalliques hydrogénants sur le catalyseur Mo/W = 1M (tableau 4. 9), la force des sites métalliques de MoWOC doit être élevée.

Réaction de déshydrogénation

De la même manière que pour les catalyseurs obtenus par mélange mécanique, le rapport d'équilibre $nC_7^=/nC_7$ est faible ($2,3.10^{-5}$). Les heptènes n'ont pu être intégrés que sur deux chromatographes, l'autre n'étant que détecté à l'état de traces. La réaction de déshydrogénation est donc très rapide et en quasi-équilibre avec la réaction inverse d'hydrogénation.

4. 4 Etude cinétique de la conversion du *n*-heptane

La transformation des *n*-alcanes sur des catalyseurs bifonctionnels comporte une série d'étapes élémentaires impliquant à la fois les sites métalliques (déshydro / hydrogénation) et les sites acides (isomérisation).

Guisnet *et al.* [6] ont montré que la transformation du *n*-heptane sur un catalyseur Pt/zéolithe se fait par un mécanisme bifonctionnel classique selon des étapes bien définies. Dans ce type de mécanisme, l'étape déterminant la vitesse dépend des caractéristiques des sites métalliques et acides. Le rapport des sites métalliques sur les sites acides a été pris comme référence pour expliquer les différents schémas réactionnels que peut suivre le n-heptane pour se transformer. Le schéma réactionnel consiste en des réactions successives décrites dans la figure suivante :

$$nC_7 \quad\quad MB \quad\quad MuB \quad\quad PC$$

$$\square nC_7^+ \rightleftharpoons \square MB^+ \rightleftharpoons \square MuB^+ \rightleftharpoons \square PC^+$$

où $\square Int^+$ représente un intermédiaire adsorbé sur un site acide.

Selon Weitkamp [7], un catalyseur bifonctionnel idéal doit avoir une fonction hydrogénante suffisante pour qu'aucune des étapes qu'elle catalyse ne limite la cinétique de l'isomérisation. C'est alors la fonction acide qui détermine la vitesse de la réaction. Autrement dit, un carbocation subit une isomérisation sur un site acide, désorbe sous forme d'oléfine. Cette oléfine doit ensuite s'adsorber sur un site métallique pour se faire réhydrogéner plutôt que sur un autre site acide pour y être isomérisée à nouveau. Cette caractéristique implique la proximité géographique des sites acides et des sites métalliques.

Le modèle utilisé pour décrire les étapes élémentaires ayant lieu sur un catalyseur bifonctionnel est celui de Sinfelt [8]. Il met en jeu trois cycles catalytiques cinétiquement non couplés, c'est-à-dire n'ayant pas d'intermédiaire réactionnel en commun. Le premier cycle correspond à la déshydrogénation de l'alcane sur un site métallique. La n-oléfine formée subit alors l'étape d'isomérisation sur un site acide (deuxième cycle). L'*iso*-alcène est ensuite réhydrogéné en *iso*-alcane sur un autre site métallique (troisième cycle).

Sur le catalyseur bifonctionnel de référence Pt/zéolithe, Patrigeon *et al.* [9] ont montré que c'est ce mécanisme qui entre en jeu. L'étude cinétique sur ce même matériau a montré qu'à partir de 60% de conversion, la première étape, qui correspond à la transformation du n-heptane en isomères monobranchés était bidirectionnelle.

Au laboratoire, Pham [1] a étudié la cinétique d'isomérisation du n-heptane sur un carbure de tungstène de type W_2C contenant de l'oxygène, montré comme étant

106

bifonctionnel. Elle a montré que la disparition du *n*-heptane suivait une cinétique d'ordre 1 jusqu'à 60% de conversion (figure 4. 7b) et que les isomères monobranchés étaient des intermédiaires de la réaction. Une étude plus approfondie de sa cinétique grâce à l'utilisation de la modélisation nous a permis [10] de montrer que, tout comme sur Pt/zéolithe, la première étape était bidirectionnelle et avait une influence à partir de 60% de conversion.

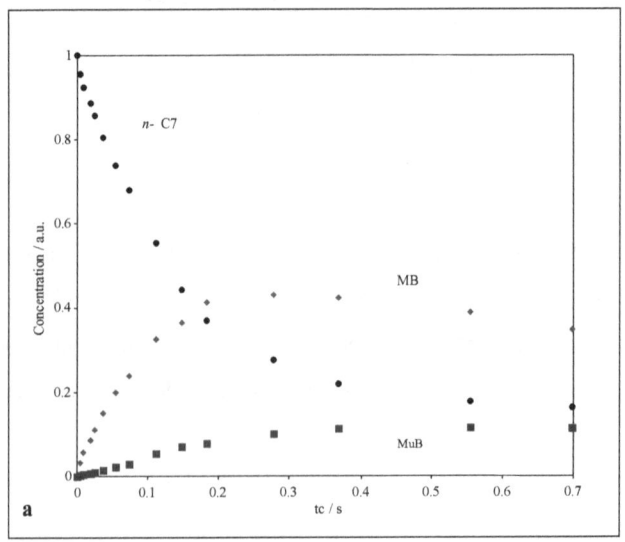

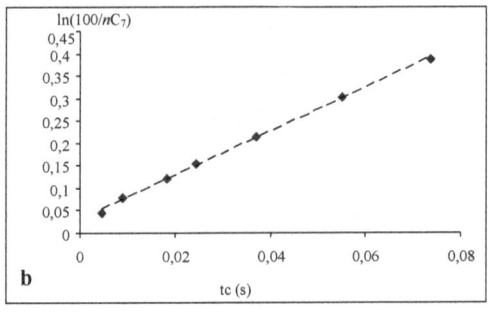

Figure 4. 7 : Concentrations du *n*-heptane, des monobranchés et des multibranchés en fonction du temps de contact (a) et transformée linéaire d'ordre 1 par rapport au réactif (b) sur W_2C (P=6 bars, 350°C) [1].

Les calculs que nous avons effectués sont les suivants :

$$\frac{-d[nC_7]}{dt} = k_1[nC_7] - k_{-1}[MB]$$

$$\frac{d[MB]}{dt} = k_1[nC_7] - k_2[MB] - k_{-1}[MB]$$

$$\Rightarrow \frac{d[MB]}{dt} = -\frac{k_1 k_2}{k_{-1}}[nC_7] - \frac{k_2 + k_1}{k_{-1}}\frac{d[nC7]}{dt}$$

et donc

$$\frac{d^2[nC_7]}{dt^2} + (k_1 + k_{-1} + k_2)\frac{d[nC_7]}{dt} + k_1 k_2[nC_7] = 0$$

en considérant le schéma réactionnel suivant $\underset{k_{-1}}{\overset{k_1}{\rightleftharpoons}}$ MB $\xrightarrow{k_2}$ MuB + PC

Entre 0 et 60% de conversion, la courbe représentant la disparition du n-heptane est une exponentielle (figure 4. 7 a). La pente de la transformée linéaire d'ordre 1 nous permet d'accéder à k_1 et sa valeur est de 5,1 s^{-1}. Dans cet intervalle de conversion, la réaction de transformation du n-heptane en isomères monobranchés a un comportement de type monodirectionnel.

A partir de 60% de conversion, une simple réaction du premier ordre ne permet plus de rendre compte de la disparition du n-heptane, comme le montre la figure 4. 8. La vitesse de la réaction inverse (MB $\longrightarrow$ nC_7) n'est plus négligeable car la concentration en isomères monobranchés est grande. La réaction étant bidirectionnelle, nous obtenons alors l'équation suivante : $[nC_7](t) = Ae^{x_1 t} + Be^{x_2 t}$, où x_1 et x_2 sont les solutions de l'équation :

$$x^2 + (k_1 + k_{-1} + k_2)x + k_1 k_2 = 0$$

$$d'où\ x_{1,2} = -\frac{(k_1 + k_{-1} + k_2) \pm \sqrt{(k_1 + k_{-1} + k_2) - 4k_1 k_2}}{2}$$

En utilisant les courbes simulées (figure 4. 8), nous obtenons : $x_1 = -0,08$; $x_2 = -6,8$; avec $k_1 = 5,1$ s^{-1}.

L'équation de la courbe de disparition du n-heptane est représentée par :
$[nC_7](t) = 0,85\,e^{-6,8t} + 0,15e^{-0,08t}$

Cette équation a une réelle signification cinétique. En effet, la première exponentielle représente la réaction de conversion de l'heptane en isomères monobranchés tandis que la seconde représente la réaction inverse. D'autre part, les conditions initiales ont été respectées : à t = 0, $[nC_7] = 1$.

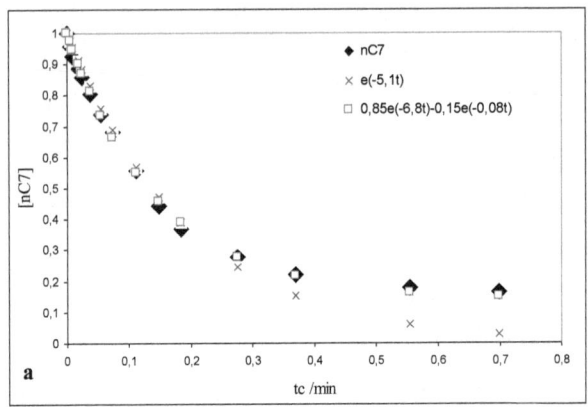

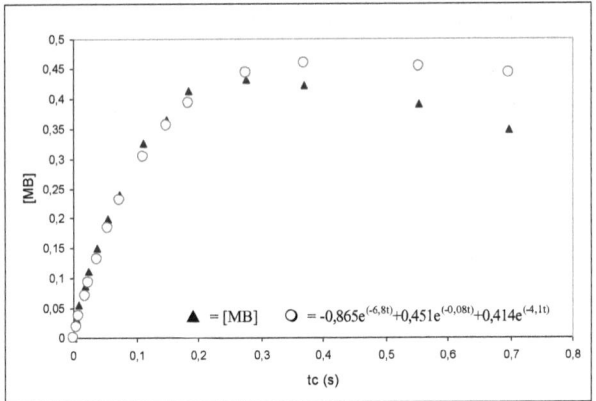

Figure 4. 8 : Courbes simulées par rapport aux courbes expérimentales pour le nC_7 (a) et les monobranchés (b)

Par combinaison linéaire entre les expressions de x_1 et x_2, les valeurs des constantes de vitesse sont accessibles et nous avons :

109

$k_1 = 5,1 \text{ s}^{-1}$

$k_{-1} = 1,67 \text{ s}^{-1}$

$k_2 = 0,11 \text{ s}^{-1}$.

Il faut noter que $k_1 + k_{-1} = 6,77 \text{ s}^{-1}$, et que cette valeur correspond bien au paramètres 6,8 présent dans l'équation $[nC_7](t) = 0,85\,e^{-6,8t} + 0,15e^{-0,08t}$. Cette somme est représentative des réactions bidirectionnelles en cinétique.

En utilisant ces nouvelles données, la courbe de simulation de isomères monobranchés devient valable jusqu'à 70% de conversion. Pour une conversion plus élevée, le système devient plus complexe. Les réactions de transformation des isomères monobranchés en multibranchés puis en produits de craquage doivent devenir bidirectionnelles.

Dans notre cas, nos six catalyseurs sont bifonctionnels. Ils doivent donc suivre le même modèle cinétique.

Réaction globale

Parmi les produits issus de la transformation du *n*-heptane, les isomères en C_7 et les produits saturés à moins de sept atomes de carbone sont les plus nombreux. Les réactions de déshydrogénation et de déshydrocyclisation sont négligeables. Les produits à moins de sept atomes de carbone proviennent soit de l'hydrogénolyse due à la fonction métallique, soit du craquage dû à la fonction acide. Contrairement au mécanisme de craquage par β-scission, l'hydrogénolyse ne privilégie pas la rupture de liaison en milieu de chaîne. Comme nous l'avons vu dans le paragraphe précédent, le mécanisme majoritaire est l'isomérisation bifonctionnelle, avec une petite participation des mécanismes monofonctionnels métallique et/ou acide suivant le catalyseur.

4. 4. 1 Routes et séquences réactionnelles sur les catalyseurs obtenus par mélange mécanique

La figure 4. 9 rapporte les pourcentages molaires des isomères monobranchés, multibranchés, des produits de craquage ainsi que du *n*-heptane restant à 300°C en fonction du temps de contact pour les trois catalyseurs obtenus par mélange mécanique. Notons que l'étude cinétique permet de fixer le temps de contact, en faisant varier le volume de catalyseur et/ou le débit pour arrêter la réaction à la sélectivité désirée.

Cas du catalyseur Mo/W = 1

Les isomères monobranchés sont formés pour de faibles temps de contact. Leur pourcentage molaire augmente rapidement avec le temps de contact. La gamme de conversion n'étant pas grande, le maximum par lequel doivent passer les monobranchés n'est pas atteint, mais ce maximum n'est pas loin du temps de contact de 0,52 seconde. Les monobranchés semblent être des intermédiaires de la réaction.

Les isomères multibranchés apparaissent en très faible quantité aux faibles temps de contact. Leur quantité augmente avec le temps de contact. Pour la même raison que pour les monobranchés, le maximum n'est pas atteint. Cependant, il semble que ce maximum soit loin d'être atteint, ce qui signifie que la formation de la majorité des isomères monobranchés est consécutive à l'apparition des monobranchés. Ce sont eux aussi des intermédiaires de la réaction.

Les produits de craquage apparaissent en très faible quantité aux faibles temps de contact ; leur pourcentage molaire augmente avec le temps de contact. Nous ne voyons pas ce qui se passe après, mais il est probable que le pourcentage molaire des produits de craquage dépasse celui des multibranchés, indiquant que ces multibranchés sont transformés en produits de craquage pour des conversions plus grandes.

Cas des catalyseurs Mo/W = 1/4 et Mo/W = 3

Nous retrouvons ici les caractéristiques décrites pour le catalyseur Mo/W = 1. Pourtant, contrairement à ce qui est observé sur le catalyseur Mo/W = 1, ici le plateau de conversion des isomères monobranchés et multibranchés semble atteint.

Pour le catalyseur Mo/W = 3, la formation des produits de craquage (PC) est consécutive à la formation des isomères multibranchés (MuB). En revanche, pour le catalyseur Mo/W = 1/4, la courbe représentant les PC est toujours au-dessus de celle des MuB. Ces PC proviennent bien évidemment de la réaction MuB $\rightarrow$ PC, mais aussi de la réaction de craquage qui est prépondérante devant l'hydrogénolyse (catalyseur trop acide). Il est donc cohérent que les PC soient plus abondants que les MuB sur un catalyseur dont la balance « penche » du côté de l'acidité.

Pour tous les catalyseurs, le schéma réactionnel semble donc être le suivant :

$$n C_7 \rightarrow MB \rightarrow MuB \rightarrow PC$$

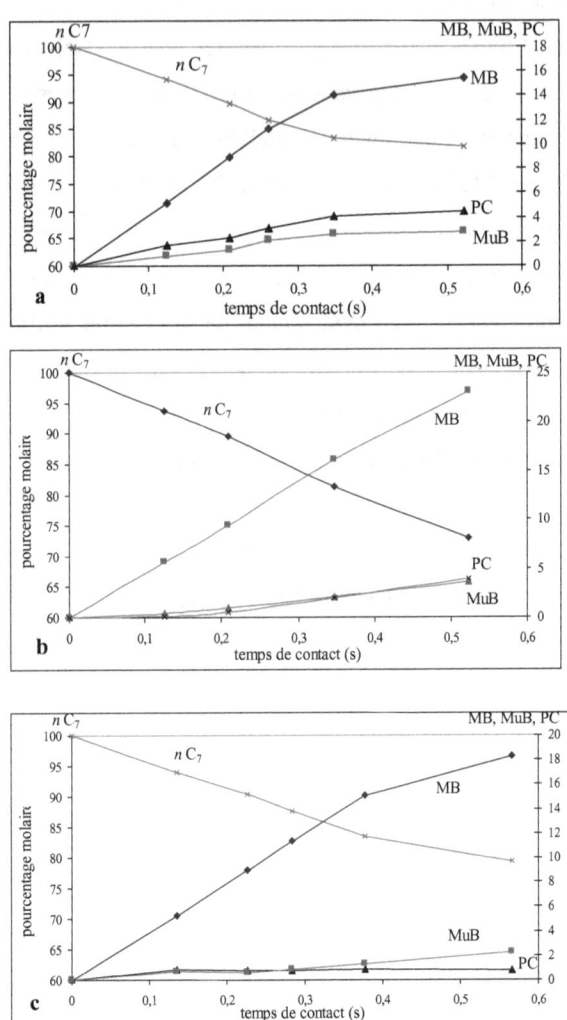

Figure 4. 9 : Pourcentage molaire des monobranchés (MB), multibranchés (MuB) et des produits craqués, en fonction du temps de contact, à 300°C, pour Mo/W = 1/4 (a), Mo/W = 1 (b) et Mo/W = 3 (c).

4. 4. 2 Routes et séquences réactionnelles sur les catalyseurs oxycarbures mixtes

La figure 4. 10 présente les pourcentages molaires des isomères monobranchés, multibranchés, des produits de craquage ainsi que du *n*-heptane restant à 300°C en fonction du temps de contact pour les trois oxycarbures mixtes.

Cas des catalyseurs Mo/W = 1/4M et Mo/W = 1M

La formation des isomères monobranchés est observée pour de faibles temps de contact. Leur quantité (pourcentage molaire) croît rapidement avec le temps de contact. De la même manière que pour le catalyseur Mo/W = 1, le maximum par lequel doivent passer les isomères monobranchés n'est pas atteint. Les isomères monobranchés semblent être des intermédiaires de la réaction.

Les isomères multibranchés apparaissent en très faible quantité aux faibles temps de contact. Leur quantité augmente avec le temps de contact. Pour la même raison que pour les monobranchés, le maximum n'est pas atteint. Cependant, il semble que ce maximum soit loin d'être atteint, ce qui signifie que la formation de la majorité des isomères monobranchés est consécutive à l'apparition des monobranchés. Ce sont eux aussi des intermédiaires de la réaction.

Les produits d'hydrogénolyse apparaissent en très faible quantité aux faibles temps de contact ; leur pourcentage molaire augmente avec le temps de contact. Nous ne voyons pas ce qu'il se passe après, mais il est probable que les multibranchés soient transformés en produits de craquage pour des conversions plus grandes.

Cas du catalyseur Mo/W = 3M

Nous retrouvons ici les caractéristiques décrites précédemment. Pourtant, contrairement à ce qui est observé sur les oxycarbures de rapport 1/4 et 1, ici le plateau de conversion des isomères monobranchés et produits d'hydrogénolyse semble être atteint.

Pour tous les catalyseurs, le schéma réactionnel semble donc être le suivant :

$$nC_7 \rightarrow MB \rightarrow MuB \rightarrow PC \text{ (isomérisation)}$$

114

et $nC_7 \rightarrow$ petites molécules (hydrogénolyse)

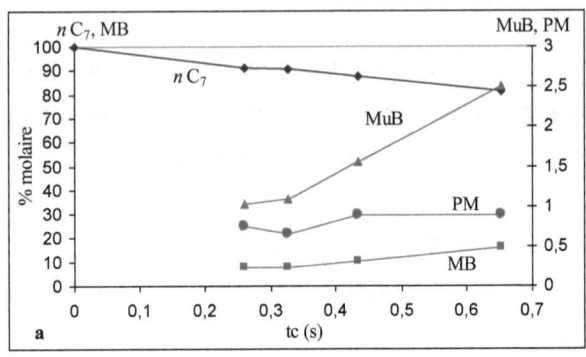

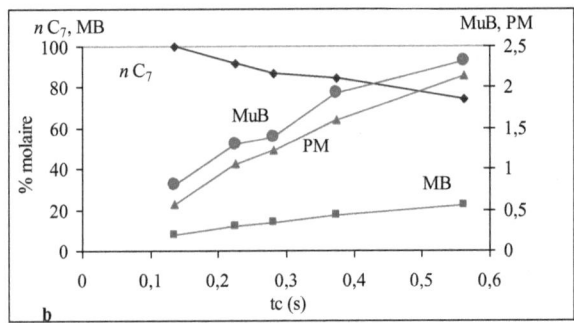

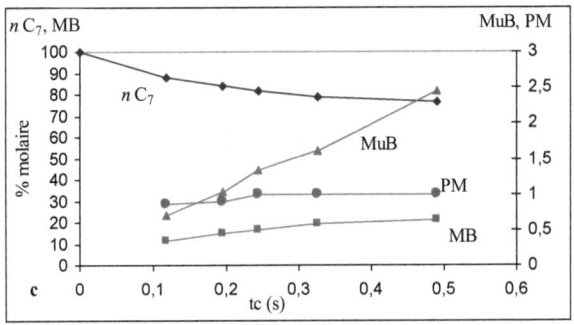

Figure 4. 10 : Pourcentage molaire des monobranchés (MB), multibranchés (MuB) et des petites molécules (PM), en fonction du temps de contact, à 300°C, pour Mo/W = 1/4M (a), Mo/W = 1M (b) et Mo/W = 3M (c).

4. 4. 3 Le modèle cinétique

C'est la séquence d'étapes élémentaires de la réaction d'isomérisation sur un catalyseur bifonctionnel : il existe trois cycles catalytiques cinétiquement non couplés et trois types d'approche cinétique.

Le modèle que nous utilisons est le modèle décrit par Sinfelt [8] en 1960 et généralisé récemment [1, 11].
Nous ne considérons ici que les réactions majoritaires. La réaction globale d'isomérisation du n-heptane est : n-heptane = iso-heptane.

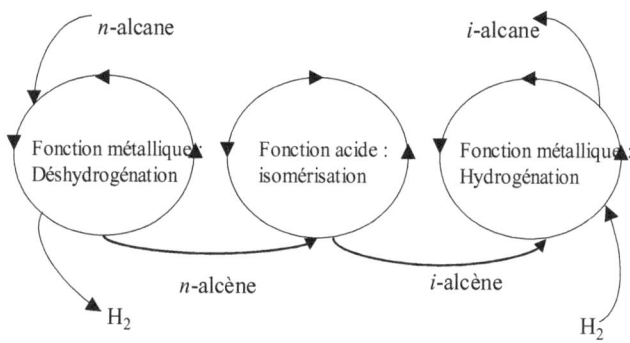

Figure 4. 11 : Cycles catalytiques d'isomérisation bifonctionnelle du n-heptane

Trois types d'approche peuvent être définis. Ils mettent en jeu les deux types de site : à caractère métallique (MoC_x) et à caractère acide (WO_x). Ces sites sont à l'origine, dans le cadre de la catalyse bifonctionnelle, de trois cycles catalytiques qui « tournent » de façon concertée (figure 4. 11). Il n'y a pas de couplage cinétique car ils n'ont aucun intermédiaire en commun. Ces trois cycles sont définis à partir de la séquence classique suivante [10].

1er cycle : déshydrogénation du n-heptane sur un site métallique (MoC_x, noté *)
La réaction globale est la suivante : $nC_7 = nC_7^= + H_2$

116

$$\sigma$$

(1) $nC_7 + 2* \rightleftharpoons {}^*nC_7{}^= {}^* + H_2$ K_1 1

(2) $*nC_7{}^= {}^* \rightleftharpoons nC_7{}^= + 2*$ K_2 1

σ est le nombre stœchiométrique.

L'étape (1) est l'étape d'adsorption déshydrogénante de l'alcane.

L'étape (2) est l'étape de désorption de l'alcène.

La quantité d'heptènes détectée est proche de celle obtenue en théorie par la thermodynamique ($2,25.10^{-8}$ mol) indiquant que le premier cycle (déshydrogénation du n-heptane) est proche de l'équilibre thermodynamique. La vitesse de rotation sera donc la vitesse de consommation de l'oléfine par le second cycle, c'est-à-dire que la cinétique dépend exclusivement des sites acides, ainsi la vitesse de disparition du n-heptane est aussi celle du second cycle, même si le n-heptane n'appartient pas au deuxième cycle.

$2^{\text{ème}}$ cycle : Isomérisation du $nC_7{}^=$ en $isoC_7{}^=$ sur un site acide protoné (WO_x protoné, noté $\square H^+$)

La réaction globale est la suivante : $nC_7{}^= = isoC_7{}^=$.

$$\sigma$$

(3) $nC_7{}^= + \square H^+ \rightleftharpoons \square nC_7{}^+$ K_3 1

(4) $\square nC_7{}^+ \longrightarrow \square isoC_7{}^+$ k_4 1

(5) $\square isoC_7{}^+ \longleftarrow isoC_7{}^= + \square H^+$ 1

L'étape (3) est l'adsorption, proche de l'équilibre, de la n-oléfine sur le site acide de Brönsted pour former le n-carbocation adsorbé.

L'étape (4) est une étape loin de l'équilibre (elle peut être dans certains cas bidirectionnelle [9-11]). C'est l'étape déterminant la vitesse. Elle est utilisée pour calculer la vitesse globale de l'isomérisation sans différencier la nature des isomères. En effet, si l'étape (4) est unidirectionnelle, cinétiquement la loi de vitesse ne « voit » pas ces isomères (absence de v_{-4}).

L'étape (5) est la désorption de l'iso-oléfine (ou des iso-oléfines).

$3^{\text{ème}}$ cycle : Hydrogénation de $isoC_7{}^=$ sur un site métallique (MoC_x)

La réaction globale est la suivante : $isoC_7^= + H_2 = isoC_7$.

$$\sigma$$

(6) $H_2 + 2*$	$\rightleftharpoons$	$2*H$	1
(7) $isoC_7^= + 2*$	$\rightleftharpoons$	$*isoC_7^=*$	1
(8) $*isoC_7^=* + *H$	$\rightleftharpoons$	$*isoC_7H + 2*$	1
(9) $*isoC_7H + *H$	$\rightleftharpoons$	$isoC_7 + 2*$	1

Cette séquence réactionnelle est typiquement du type Horiuti-Polanyi.

Première approche cinétique

On ne considère que la consommation du réactif nC_7 et l'on accède à la vitesse du premier cycle.

Thermodynamiquement, dans les conditions expérimentales, la valeur du rapport $[nC_7^=]/[nC_7]$ est de $2,3.10^{-5}$ ce qui montre que $[nC_7^=]$ est faible. Ce cycle tourne de façon à être proche de l'équilibre entre nC_7 et $nC_7^=$. Si l'on suit la variation de concentration de nC_7 en sortie de réacteur (cinétique globale), en fonction du temps de contact (t_c), on peut déterminer la vitesse nette (en fonction de t_c) du premier cycle.

Deuxième approche cinétique

On considère la cinétique globale de l'isomérisation et la réaction bilan $nC_7 = isoC_7$. Elle concerne donc les trois cycles catalytiques et donc les deux types de sites (métallique et acide).

La véritable isomérisation s'effectue sur les sites acides de Brönsted (W-OH), seuls ces sites sont pris en compte par la loi de vitesse. Comme il existe une edv (étape déterminant la vitesse) unidirectionnelle (étape 4), la cinétique globale de transformation du réactif nC_7 en isomère saturé $isoC_7$ ne prend pas en compte la nature des isomères.

Les trois cycles peuvent alors être ramenés à deux étapes cinétiquement significatives :

118

(10) $nC_7 + \square H^+$ ⇄ $\square nC_7^+ + H_2$ $\qquad$ $K_{10} = K_1 K_2 K_3$

(4) $\square nC_7^+$ $\xrightarrow{\text{edv}}$ $\square isoC_7^+$ $\qquad$ k_4

L'étape (10) est une étape globale résultant de la somme des équilibres (1) à (3). Elle correspond à la formation de l'intermédiaire le plus abondant sur les sites acides symbolisés par $\square H^+$. L'étape (4) étant loin de l'équilibre et les conversions observées sur nos catalyseurs ne dépassant pas les 35%, elle est considérée comme unidirectionnelle, ce qui n'est pas le cas sur des catalyseurs Pt/HY [9] ou W_2C (paragraphe précédent) où les conversions observées sont plus importantes. Nous n'avons alors pas besoin d'écrire la suite des étapes ni de donner toutes les espèces entrant en jeu. C'est la raison pour laquelle cette cinétique ne donne pas la distribution en isomères, mais uniquement la cinétique de disparition du n-heptane. Nous considérons ici que :

- le cycle de déshydrogénation (cycle 1) restaure l'équilibre thermodynamique très rapidement, dès que le n-heptène est consommé par le cycle 2 (cycle sur lequel se passe la vraie étape d'isomérisation)

- pour les mêmes raisons, le cycle de réhydrogénation (cycle 3) hydrogène l'iso-heptène dès qu'il est formé par le deuxième cycle.

Etablissement de la loi de vitesse globale d'isomérisation

$v = v_4 = k_4[nC_7]$

$[L] = [\square H^+]_{total} = [\square H^+] + [\square nC_7^+] + [\square MB^+] + [\square MuB^+] + [\square PC^+]$

$[\square nC_7^+]$ est l'irpa (intermédiaire réactionnel le plus abondant) et donc on a :

$[L] = [\square H^+]_{total} \approx [\square H^+] + [\square nC_7^+]$

$$K_{10} = K_1 K_2 K_3 = \frac{[\square nC_7^+][H_2]}{[nC_7][\square H^+]}$$

Il vient :

$$[L] = [\square nC_7^+]\left[1 + \frac{[\square H^+]}{[\square nC_7^+]}\right] = [\square nC_7^+]\left[1 + \frac{[H_2]}{K_{10}[nC_7]}\right]$$

119

et

$$[_\square nC_7^+] = \dfrac{[L]k_4 K_{10}[nC_7]}{[H_2]\left[\dfrac{K_{10}[nC_7]}{[H_2]}+1\right]}$$

Mathématiquement, cette expression est de type Langmuir généralisé et peut s'écrire sous la forme :

$$v = k_4[L]\left[K_{10}\dfrac{[nC_7]}{[H_2]}\right]^\alpha \quad \text{avec } 0 \leq \alpha \leq 1 \text{ [11]}$$

ici $\alpha = 1$ (expérience) et $v = k_4[L]\left[K_{10}\dfrac{[nC_7]}{[H_2]}\right]$

$[H_2]$ est constante et égale à 1.10^5 Pa.

On retrouve bien l'ordre 1 expérimental par rapport au n-heptane.

Il faut noter que si l'on considère l'isotherme de Freundlich, $\alpha = 1$ est valable aux faibles taux de recouvrement du catalyseur par le réactif. D'ailleurs, l'ordre 1 signifie que la surface du catalyseur n'est pas saturée par le réactif.

Troisième approche cinétique

Ici, le cycle 3 est considéré comme tournant à grande vitesse par rapport au cycle 2 et qu'il hydrogène très rapidement les *iso*-oléfines produites pas le deuxième cycle. C'est dans ce type de cinétique que l'on peut dire qu'il y a un cycle lent (deuxième cycle) par rapport à un autre (troisième cycle).

Le bilan sur le nombre total de sites actifs [L] peut alors s'écrire :

$[L] = [_\square nC_7^+] + [_\square H^+] + [_\square MB^+] + [_\square MuB^+] + [_\square PC^+]$

Pour développer la cinétique, il faudrait avoir accès aux différentes constantes d'équilibre d'adsorption des espèces intermédiaires.

Dans ce travail, nous nous arrêterons à la cinétique globale des réactions successives.

Les étapes élémentaires du deuxième cycle tiennent compte des mécanismes de transfert d'alkyle déjà détaillés précédemment.

L'étape (4) représente de manière simplifiée la séquence de formation des $\square MB^+$ (isomères monobranchés adsorbés sur un site acide), $\square MuB^+$ (isomères multibranchés adsorbés sur un site acide) et $\square PC^+$ (produits de craquage adsorbés sur un site acide). Cette séquence peut être détaillée comme suit :

$$\square nC_7^+ \rightarrow \square MB^+ \qquad\qquad (4')$$

$$\square MB^+ \rightarrow \square MuB^+ \qquad\qquad (4'')$$

$$\square MuB^+ \rightarrow \square PC^+ \qquad\qquad (4''')$$

Chaque intermédiaire adsorbé peut soit réagir soit désorber selon le mécanisme râteau décrit par Guisnet *et al.* [6].

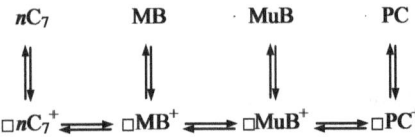

Pour être conforme au modèle décrit par Sinfelt, deux conditions doivent être remplies :

il est nécessaire que le premier cycle soit proche de l'équilibre thermodynamique

la disparition du *n*-heptane doit suivre une loi de vitesse d'ordre 1.

4. 4. 3. 1 Cas des catalyseurs obtenus par mélange mécanique

Le tableau 4. 10 montre la distribution des produits à isoconversion sur les trois catalyseurs (mélange mécanique) suivant le rapport Mo/W. Ce tableau confirme certaines conclusions que nous avons déjà remarquées.

En effet, l'indice d'acidité ($isoC_4/nC_4$) diminue fortement entre les catalyseurs Mo/W = 1/4 et Mo/W = 3. De plus, le rapport MB/(MB + MuB) diminue lorsque le rapport Mo/W décroît, ce qui est significatif d'une force acide inférieure (les MB ne peuvent

121

pas s'isomériser en MuB sur les sites acides puisque ceux-ci sont en faible quantité et donc probablement occupés par d'autres molécules adsorbées).

Ces résultats sont en accord avec les mesures du nombre de sites hydrogénants (chimisorption de CO) et du nombre de sites acides de Brönsted (adsorption-désorption d'isopropylamine) détaillées dans le chapitre 3.

Mo/W	1/4	1	3
temps de contact (s)	0,22	0,21	0,22
conversion (%)	10,4	10,4	9,7
sélectivité en isoC$_7$ (%)	91	94	91
MB/(MB + MuB)	0,87	0,91	1,38
2mC$_6$/3mC$_6$	1,07	0,99	0,94
hydrogénolyse/craquage	8,9	4,8	8,04
isoC$_4$/nC$_4$	58,3	0,54	0,21
n-heptène	2,40.10^{-08}	5,58.10^{-08}	6,10.10^{-08}

Tableau 4. 10 : Distribution des produits issus de la transformation du *n*-heptane sur les trois catalyseurs synthétisés pas mélange mécanique à isoconversion ($\approx$ 10%). T$_{réaction}$ = 300°C ; P= P$_{atm}$; H$_2$/nC$_7$ = 14,8.

4. 4. 3. 2 Cas des oxycarbures mixtes

Le tableau 4. 11 montre la distribution des produits à isoconversion sur les trois catalyseurs (oxycarbures mixtes) suivant le rapport Mo/W. Ce tableau confirme certaines conclusions que nous avons déjà remarquées.

En effet, le rapport MB/(MB + MuB) diminue lorsque le rapport Mo/W décroît, ce qui est significatif d'une force acide inférieure (les MB ne peuvent pas s'isomériser en MuB sur les sites acides puisque ceux-ci sont en faible quantité et donc probablement occupés par d'autres molécules adsorbées). Ces résultats sont en accord avec les mesures de nombre de sites hydrogénants (chimisorption de CO) et de nombre de sites acides de Brönsted (adsorption-désorption d'isopropylamine) détaillées dans le chapitre 3.

Mo/W	1/4M	1M	3M
temps de contact (s)	0,43	0,22	0,11
conversion (%)	12,2	12,1	12,2
sélectivité en isoC$_7$ (%)	94,3	96,6	91,4
MB/(MB + MuB)	0,87	0,92	0,94
2mC$_6$/3mC$_6$	1,04	0,99	0,95
hydrogénolyse	4,15	3,4	7,7
isoC$_4$/nC$_4$	0	0	0
n-heptène	8,69.10^{-8}	Détectés mais non mesurés	4,3.10^{-8}

Tableau 4. 11 : Distribution des produits issus de la transformation du *n*-heptane sur les trois catalyseurs oxycarbures mixtes à isoconversion ($\approx$ 10%). T$_{réaction}$ = 300°C ; P= P$_{atm}$; H$_2$/nC$_7$ = 14,8.

4. 4. 4 Cinétique de la réaction globale et performance des catalyseurs

La figure 4. 12 présente les transformées linéaires d'ordre 1 du *n*-heptane pour les six catalyseurs.

Nous avons montré que le premier cycle est proche de l'équilibre thermodynamique. D'autre part, nous avons confirmé l'ordre 1 par rapport au *n*-heptane. Nous sommes donc bien en conformité avec les modèles présentés.

Les constantes de vitesse de disparition du *n*-heptane, données par la pente de la transformée linéaire d'ordre 1, sont indiquées sur la figure 4. 11.

Quel que soit le catalyseur, les transformées linéaires sont des droites, prouvant que la vitesse globale de disparition du *n*-heptane suit une cinétique d'ordre 1.

123

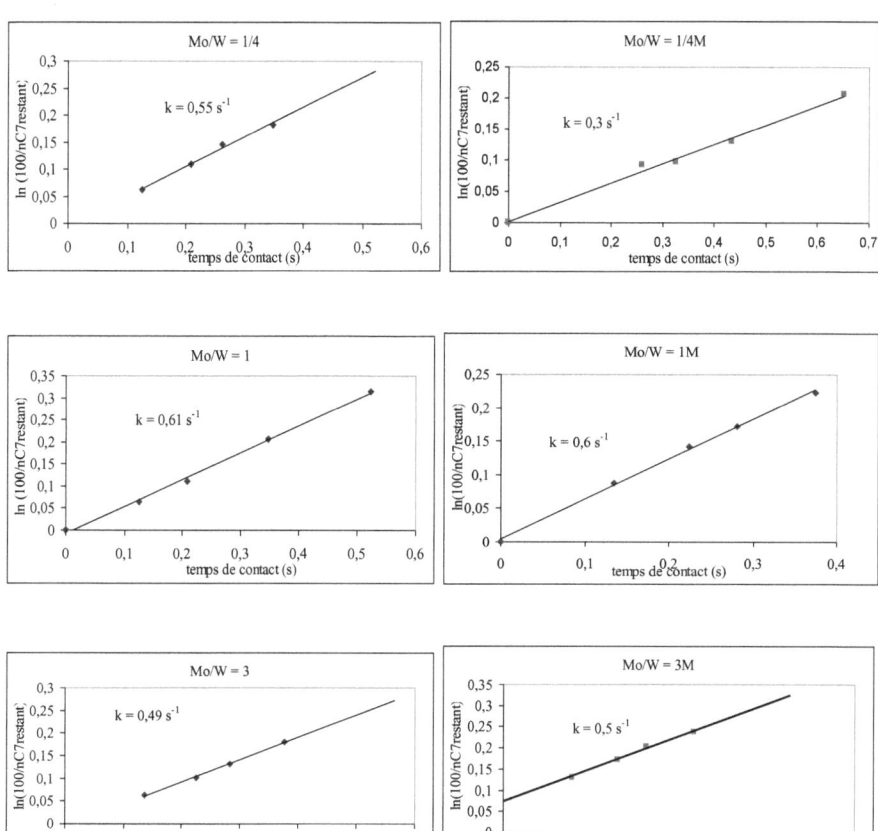

Figure 4. 12 : Mise en évidence de l'ordre 1 par rapport au *n*-heptane et constantes de vitesse pour les six catalyseurs, à 300°C (à gauche : catalyseurs issus de la synthèse par mélange mécanique, à droite : oxycarbures mixtes).

Au vu des constantes de vitesse, nous pouvons classer les catalyseurs synthétisés par mélange mécanique comme suit, par ordre de performance croissante :

$$(Mo/W = 3) < (Mo/W = 1/4) < (Mo/W = 1).$$

124

Parallèlement, le même ordre est observé concernant le rendement en isomérisation à un même temps de contact : la catalyseur Mo/W = 1 est le plus isomérisant, tandis que le catalyseur Mo/W = 3 est le moins performant.

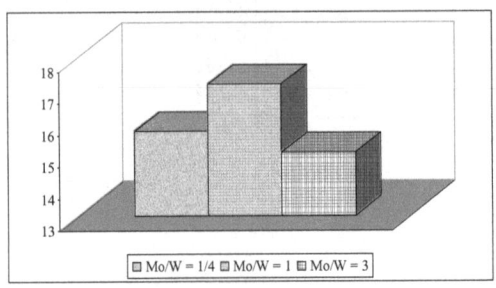

Figure 4. 13 : Rendement en isomérisation selon le catalyseur synthétisé par mélange mécanique à iso-temps de contact (0,35 s).

Dans le cas des oxycarbures mixtes, le catalyseur de rapport 1 reste le plus performant (figures 4. 11 et 4. 12) : sa constante de vitesse est la plus élevée et son rendement est supérieur à celui des deux autres catalyseurs. En revanche, il apparaît, dans cette famille de composés, que le catalyseur Mo/W = 3M est plus réactif que le catalyseur de rapport Mo/W = 1/4M. Ici le classement par ordre croissant de performance est le suivant :

$$(Mo/W = 1/4M) < (Mo/W = 3M) < (Mo/W = 1M).$$

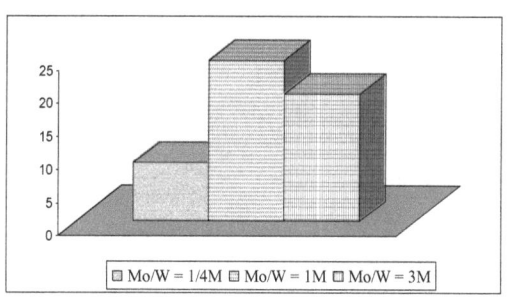

Calcul des vitesses de rotation

La vitesse de rotation est la vitesse d'une réaction par site catalytique actif. Elle définit la puissance du site pour une réaction considérée. Dans le modèle présenté, la cinétique de la réaction d'isomérisation du *n*-heptane dépend uniquement des sites acides de Brönsted (deuxième cycle), le premier cycle faisant intervenir des sites métalliques étant proche de l'équilibre thermodynamique.

Les vitesses de rotation sont données dans le tableau 4. 12. Elles sont identiques pour les trois catalyseurs, ce qui confirme que les sites acides de Brönsted ont la même force et est en accord avec les températures de désorption d'amine des composés après mise en régime.

	Constante de vitesse $(s^{-1}.g_{cata}^{-1})$	Nb de sites acides de Brönsted actifs $(\mu mol/g_{cata})$	Vitesse de rotation (s^{-1})
Mo/W = 1/4	0,55	6	0,09
Mo/W = 1	0,61	4,7	0,10
Mo/W = 3	0,49	3	0,16

Tableau 4. 12 : Constantes de vitesse et vitesses de rotation pour les catalyseurs obtenus par mélange mécanique.

126

Pour les oxycarbures mixtes, les vitesses de rotation sont données dans le tableau 4. 13.

	Constante de vitesse $(s^{-1}.g_{cata}^{-1})$	Nb de sites acides de Brönsted actifs $(\mu mol/g_{cata})$	Vitesse de rotation (s^{-1})
Mo/W = 1/4M	0,3	6,8	0,05
Mo/W = 1M	0,6	5,9	0,09
Mo/W = 3M	0,5	4,8	0,11

Tableau 4. 13 : Constantes de vitesse et vitesses de rotation pour les oxycarbures mixtes.

Le catalyseur Mo/W = 1/4M étant composé de deux catalyseurs bifonctionnels (W_2C et MoWOC), la vitesse de rotation n'a pas de sens puisque la fonction acide est apportée à la fois par W_2C et par MoWOC.

En revanche, pour les deux autres catalyseurs, seule la phase mixte MoWOC apporte la fonction acide. Les vitesses de rotation sont identiques pour ces deux catalyseurs, ce qui est en accord avec les températures de désorption d'isopropylamine similaires (chapitre 3) pour les catalyseurs après mise en régime.

Les vitesses de rotation des catalyseurs synthétisés par mélange mécanique et des oxycarbures (à l'exception de Mo/W = 1/4M) sont identiques. Les composés responsables de l'acidité sont différents : WO_2 dans le premier cas et MoWOC dans le deuxième. Les forces des sites acides sont différentes : les sites acides de Brönsted sont plus forts sur MoWOC. Mais le nombre de sites acides par gramme de phase acide y est aussi plus faible. Les deux types de sites acides ont la même force.

La réaction d'isomérisation bifonctionnelle du n-heptane est donc une réaction insensible à la structure, ce qui confirme le fait que le calcul des vitesses de rotation est légitime.

127

Il convient de rappeler que ces activités ne tiennent pas compte de la sélectivité dans la nature des isomères.

4. 5 Conclusion

Le catalyseur Mo/W = 1/4M étant un mélange de deux catalyseurs bifonctionnels (MoWOC et W_2C), nous ne pouvons pas attribuer les fonctions acide et métallique à une phase bien définie. Il sera donc exclu de la suite.

Tous les autres catalyseurs présentés sont bifonctionnels et présentent une sélectivité en isomérisation excellente (>90%).

L'étude des produits de réaction a permis de montrer que le mécanisme majoritaire intervenant est bifonctionnel par saut d'alkyle, comme sur W_2C ou Pt/HY. Les réactions successives $nC_7 \rightarrow MB \rightarrow MuB \rightarrow PC$, caractéristiques d'une fonction hydrogénante non limitante, ont été mises en évidence.

La température de réaction étant plus basse pour nos mélanges que pour W_2C (350°C), l'isomérisation est favorisée au détriment des réactions d'hydrogénolyse et de craquage. La cinétique de disparition du n-heptane est d'ordre 1 sur tous les catalyseurs.

Le modèle cinétique mettant en jeu trois cycles catalytiques établi par Pham [1, 10] est valable pour les six catalyseurs. La fonction métallique est donc suffisante pour fournir le deuxième cycle (cycle d'isomérisation) en n-heptènes. La fonction acide va dépendre uniquement du nombre de sites acides présents sur le catalyseur, les sites acides de Brönsted ayant une force similaire dans chaque famille, mais différente entre elles (désorption d'amine). Ce résultat est confirmé par les vitesses de rotation qui sont identiques dans chacune des familles de catalyseurs.

Il faut noter que les vitesses de rotation sont identiques pour les deux familles de catalyseurs. Pourtant, les sites acides de Brönsted n'ont pas la même force. Ce résultat signifie que les fonctions acides sont identiques, un nombre de sites plus faible étant compensé par une force plus grande.

Références bibliographiques du chapitre 4

[1] Thi Lan Huong Pham, Thèse, Université Pierre et Marie Curie (2002).

[2] Patrick Da Costa, Thèse, Université Pierre et Marie Curie (2000).

[3] L. H. Green in "Hydrotreatment and Hydrocracking of Oil Fractions" (G. F. Froment, B. Delmon, et P. Grange, Eds) Elsevier Science (1997), 485.)

[4] M. J. Ledoux, F. Meunier, B. Heinrich, C. Pham-Huu, M. Elina Harlin and A. Outi I. Krause, Appl. Catal. A (1999) **181**, 157.

[5] Patricia Pérez-Romo, Thèse, Université Pierre et Marie Curie (1999).

[6] F. Guisnet, F. Alvarez, G. Gianetto et G. Pérot, Catal. Today, (1987) 1.

[7] J. Weitkamp et H. Schulz, J. Catal. (1973) **29**, 361.

[8] J. H. Sinfelt, H. Hurwitz, J. C. Rohrer, J. Phys. Chem. (1960) **64**, 892.

[9] Anne Patrigeon, Thèse, Montpellier I (2000).

[10] A. F. Lamic, T. L. H. Pham, Potvin, J. J. Manoli and G. Djéga-Mariadassou, J. Mol. Cat. A (2005) **237**, 109.

[11] G. Djéga-Mariadassou and M. Boudart, J. Catal. (2003) **216**, 89.

Conclusion générale

L'objectif principal de cette thèse est d'établir la formulation et de caractériser de nouveaux carbures bimétalliques de molybdène et de tungstène capables d'isomériser le n-heptane de manière bifonctionnelle, c'est-à-dire des catalyseurs alliant une fonction métallique à une fonction acide.

Pour cela, nous avons fait varier différents paramètres afin d'améliorer l'acidité des matériaux, le caractère métallique des carbures étant largement reconnu. Nous avons notamment limité la carburation des matériaux pour conserver le maximum d'oxygène déjà contenu dans les précurseurs et ainsi obtenir des matériaux acides. Deux voies de synthèse ont été envisagées. Dans la première, l'objectif est de séparer les fonctions acide et métallique par un mélange mécanique des oxydes précurseurs qui sont ensuite carburés. La seconde voie de synthèse consiste en la formation d'une phase mixte unique des oxydes précurseurs de molybdène et de tungstène, formée par insertion du molybdène dans la matrice du tungstène. Cet oxyde mixte est ensuite carburé pour donner naissance à un nouvel oxycarbure de molybdène et de tungstène. Dans chacun des deux modes de synthèse, nous avons préparé trois rapports atomiques Mo/W (/4 ; 1 et 3) de manière à faire varier la balance entre la fonction métallique et la fonction acide.

Les matériaux ont été caractérisés à l'issu de la synthèse et au plus proche des conditions de la réaction catalytique (après la phase de mise en régime sous flux réactionnel) par de nombreuses méthodes physico-chimiques. La diffraction des rayons X sur poudre (DRX), associée à la microscopie électronique à transmission (MET) et à l'analyse EDX nous ont permis d'identifier les phases présentes dans nos catalyseurs. Dans le cas des catalyseurs obtenus par mélange mécanique, nous avons pu identifier deux phases : Mo_2C et WO_2, en proportions différentes selon les trois rapports atomiques Mo/W. Dans le cas des mélanges mixtes, la DRX et la MET nous ont permis de découvrir une nouvelle phase oxycarbure mixte de formule $MoWC_{0,5}O_{0,6}$, de stœchiométrie 1/1 pour le molybdène et le tungstène. Dans le cas des rapports atomiques Mo/W 1/4 et 3, le métal de transition en excès se retrouve sous la forme d'un carbure de type W_2C ou Mo_2C selon le cas.

Dans le cas des catalyseurs obtenus par mélange mécanique, l'analyse XPS nous a permis de montrer que la grande majorité du molybdène est sous la forme de carbure tandis que le tungstène reste sous forme oxyde. Les oxycarbures mixtes sont plus carburés : seuls 20 % restent sous la forme d'un oxyde. Dans tous les cas, aucune modification des degrés d'oxydation du molybdène et du tungstène n'est observée après mise en régime.

Ces catalyseurs devant être bifonctionnels, nous nous sommes intéressés aux sites métalliques hydro/déshydrogénants et acides, et notamment à leur dénombrement. Pour quantifier les sites métalliques, nous avons utilisé la méthode de chimisorption sélective de CO, outil largement utilisé pour les métaux et les carbures métalliques.

Dans le cas des catalyseurs obtenus par mélange mécanique, le molybdène sous forme carbure fournit les sites métalliques : plus le rapport atomique Mo/W augmente, et plus la chimisorption de CO est importante.

La phase mixte MoWOC contient des sites métalliques (Mo/W = 1M). Bien évidemment, les phases en excès W_2C et Mo_2C en possèdent aussi puisqu'ils sont reconnus comme bifonctionnel pour l'un (W_2C) et purement métallique pour l'autre (Mo_2C).

Pour mesurer le nombre de sites acides (et notamment les sites acides de Brönsted, responsables de la fonction isomérisante), nous avons mis au point une nouvelle méthode de titrage sélectif ; en effet, aucune méthode existante ne nous permettait de quantifier séparément les sites de Lewis et de Brönsted. Nous avons

132

utilisé l'adsorption-désorption de l'isopropylamine, amine primaire à courte chaîne carbonée, de taille relativement proche de celle du n-heptane. Lors de la phase d'adsorption, nous titrons la quantité totale de sites acides. La désorption en température programmée permet non seulement de différencier et de quantifier les sites acides de Lewis (pas de décomposition de l'isopropylamine) et de Brönsted (décomposition de l'isopropylamine), mais aussi d'avoir une estimation de leur force. L'acidité a été étudiée avant et après la réaction catalytique.

Pour la famille des mélanges mécaniques, le nombre et la force (température de désorption) sont différents avant et après réaction. Sur les catalyseurs frais, nous avons relié le nombre de sites acides, et notamment le nombre de sites acides de Brönsted, à la quantité de WO_2 présente dans chaque catalyseur. La force des sites est différente : plus le nombre est grand et plus la force est faible. En revanche, après réaction catalytique, le nombre de sites acides de Brönsted diminue mais aussi la force pour devenir équivalente pour les trois catalyseurs : ce sont les sites acides de Brönsted les plus forts qui sont cokés et désactivés.

Pour la famille contenant la phase oxycarbure mixte, les mêmes phénomènes sont observés : diminution du nombre de sites acides de Brönsted, variation de la force, mais dans ce cas, nous observons un comportement zéolithique, dans le sens où les sites, devenant plus isolés, voient leur force augmenter après mise en régime. Dans ce cas-là aussi la force des catalyseurs est équivalente.

La fonction acide, définie comme l'association du nombre de sites acides de Brönsted à la force de ces sites, va donc dépendre uniquement du nombre de sites, la force étant la même dans chacune des familles de catalyseurs.

L'étude des produits de réaction (isomérisation du n-heptane) a permis de confirmer la présence et l'activité des sites métalliques et acides à basse température (300°C) : tous les catalyseurs étudiés dans cette thèse sont bifonctionnels. D'autre part, ils ont une très bonne sélectivité en isomérisation, réaction thermodynamiquement favorisée à plus basse température. Les réactions secondaires d'hydrogénolyse et de craquage sont en très faible quantité. Le mécanisme majoritaire est bifonctionnel par saut d'alkyle. La fonction hydrogénante est non limitante car les réactions successives $nC_7 \rightarrow MB \rightarrow MuB \rightarrow PC$ ont été observées. La fonction métallique, assurée par les carbures, est donc suffisante sur tous les catalyseurs étudiés.

La cinétique globale de disparition du n-heptane est d'ordre 1. Le modèle cinétique de Sinfelt, mettant en jeu trois cycles catalytiques cinétiquement non couplés, est valable pour tous les catalyseurs. La fonction métallique étant suffisante pour que le premier cycle (déshydrogénation du n-heptane) soit proche de la thermodynamique, la cinétique dépend uniquement des sites acides. La balance fonction métallique/fonction acide est le paramètre le plus important pour obtenir une bonne conversion et une grande sélectivité en isomérisation. Cette balance entre la fonction acide et la fonction métallique dans le cas des oxycarbures est impossible à modifier du fait que la phase oxycarbure bifonctionnelle est fixe, alors que sur les catalyseurs obtenus par mélange mécanique, la séparation des fonctions amène à une plus large gamme de balance.

La quantification des sites acides de Brönsted a rendu possible le calcul des vitesses de rotation. L'égalité des vitesses de rotation dans chacune des familles montre que la force des sites acides de Brönsted actifs est la même, en accord avec les résultats obtenus par la méthode d'adsorption-désorption d'isopropylamine et validant ainsi cette nouvelle manière de mesurer et de différencier les sites acides de Lewis et de Brönsted. Enfin, les vitesses de rotation étant identiques pour les deux types de composés, l'isomérisation du n-heptane apparaît comme une réaction insensible à la structure. Notons que ces vitesses de rotation ne considèrent pas la sélectivité en isomères.

Au cours de cette thèse, la mise au point d'une nouvelle méthode de dénombrement des sites acides et de différenciation entre les sites acides de Lewis et de Brönsted a permis de développer une méthodologie pour la formulation de matériaux bifonctionnels. Elle peut être aussi appliquée à des matériaux purement acides. La quantification des sites acides de Lewis et des sites acides de Brönsted actifs pendant la réaction catalytique permettra d'expliquer de nombreux phénomènes existant à la surface des solides acides et des différences de réactivités observées lors de processus mettant en jeu des sites acides.

Cette méthode d'adsorption-désorption couplée à la spectrométrie de masse peut être étendue à l'interaction d'un réactif avec un catalyseur, permettant ainsi de quantifier les sites accessibles pour une réaction donnée, mais aussi de préciser, lors de la désorption, les températures d'activation du catalyseur et les transformations du substrat.

Pour améliorer les conversions obtenues en isomérisation du n-heptane, il faudra encore trouver des oxydes acides actifs à plus basse température, afin de favoriser la réaction, tout en s'associant à une fonction métallique suffisante.

Les propriétés des carbures ont été largement étudiées et sont bien connues à ce jour. Il est maintenant possible de les utiliser et de les adapter à des réactions spécifiques.

Annexe I : Calcul de la quantité de sites métalliques hydro/déshydrogénants

Etant donné que la mesure de la chimisorption de CO se fait à température ambiante et sous pression atmosphérique, on peut admettre que ces molécules se comportent comme des gaz parfaits. On peut alors utiliser la loi des gaz parfaits pour calculer le nombre de moles de CO contenu dans chaque pulse.

$$n_0 = \frac{PV_0}{RT}$$

avec n_0 : nombre de moles de CO contenu dans chaque pulse

P : pression atmosphérique (Pa)

V_0 : volume de boucle d'injection (m^3)

R : constante des gaz parfaits et égale à 8,314 $J.mol^{-1}.K^{-1}$

T : température ambiante (K).

Lorsque la surface du catalyseur est saturée par le CO, l'aire du signal A_f fourni par le catharomètre correspond à la quantité de molécules de CO contenue dans chaque pulse, c'est-à-dire dans chaque boucle d'injection. Le nombre total n_t de molécules chimisorbées par l'échantillon est alors égal à :

$$n_t = \sum n_0 \left(1 - \frac{A_i}{A_f} \right)$$

où Ai est l'aire du signal fourni par le catharomètre au passage du ième pulse.

Annexe II : Principe de calcul du nombre de sites acides

1. Adsorption d'isopropylamine : calcul du nombre total de sites acides

Grâce à l'équation de Clapeyron appliquée à l'isopropylamine, nous pouvons calculer la pression partielle de l'amine à la température fixée du thermostat. L'équation de Clapeyron est la suivante : $\ln P = -3937,5\dfrac{1}{T} + 12,32$ (P en bar), et par conséquent :

$$P_{isopropylamine} = e^{-3937,5/T+12,32}.$$

Le nombre de moles d'amine par boucle n_0 est donc :

$$n_0 = \frac{V_{boucle}.P_{isopropyl}.10^5}{8,314.T_{pièce}}$$

Lorsque la surface du catalyseur est saturée, l'aire des pics est constante (A_0) et elle correspond à la quantité d'amine présente dans une boucle.

Le nombre total de n_t de moles adsorbées sur l'échantillon est alors :

$$n_t = \sum n_0\left(1 - \frac{A_i}{A_0}\right)$$

où V_{boucle} est en m^3

$P_{isopropyl}$ est en Pa

$T_{pièce}$ en K.

L'aire d'un pic est obtenue grâce au logiciel Winilab (Perichrom).

n_t correspond au nombre total de sites acides (Lewis + Brönsted).

La figure suivante présente un graphe d'adsorption d'isopropylamine par pulse. Les zones d'adsorption et de saturation y sont indiquées.

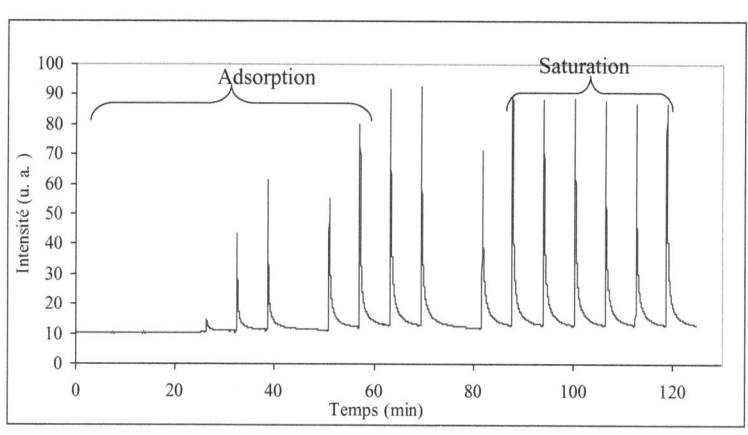

2. Désorption en température programmée : identification de la nature des sites acides

La désorption en température programmée est suivie grâce à un catharomètre (TCD) qui nous donne un signal en fonction du temps. Comme la montée en température est connue (5°C/min), on peut tracer le signal en fonction de la température. On y ajoute alors le signal m/z = 59 du spectromètre de masse. Les pics sont décomposés en 3 ou 4 pics (selon le signal du spectromètre de masse) grâce au logiciel Peakfit™. Le graphique obtenu est le suivant :

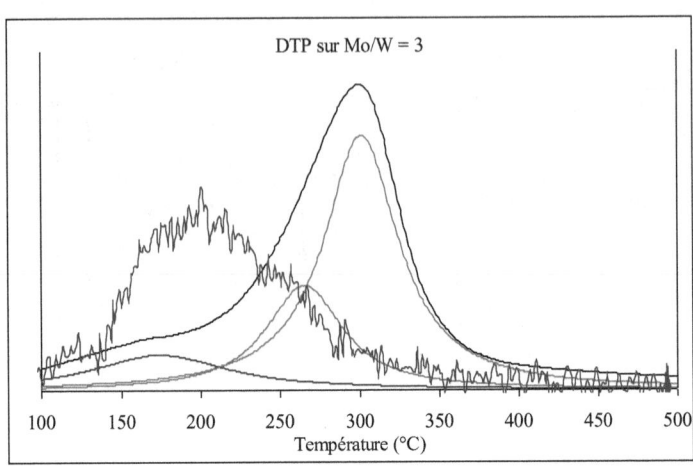

DTP sur Mo/W = 3

Température (°C)

Connaissant alors l'aire des pics correspondant aux sites de Lewis, on peut calculer, par une règle de trois, la quantité d'isopropylamine correspondant à cette aire de pics. Par différence entre le nombre total de sites acides et le nombre de sites de Lewis, on accède au nombre de sites acides de Brönsted.

Annexe III : Exemple d'interprétation des chromatogrammes obtenus pour l'isomérisation du *n*-heptane

produit	afl 204 mixte 1/4 carburé	colonne PONA				
masse	0,4	g				
Réactif	nheptane	Température	300°C	Débit(ml/min) =	18	
temp.Th	28	P (C7)	50,7	n(C7) :	4,91E-05	par min
aire		aire (C7)	1800000	% Area(C7)	99,85000	
aire		aire/7	257143	coef. rep.	5,235E+09	

Produit	temps tr	aire	aire/nC	mol.de Cn	mol	Pour100C7	Select.	
C1	3,7	989	989	1,889E-07	1,889E-07	0,46443	3,0809	Hyd/cr
C2	3,78	425	212,5	4,059E-08	4,059E-08	0,199578	0,6620	4,14747
C3	3,960	1907	636	1,214E-07	1,214E-07	0,89552	1,9802	Isom.
isoc4	4,240	1325	331		6,327E-08		1,0319	94,3184
nC4**	4,400	42	11	6,528E-08	2,006E-09	0,641938	0,0327	Deh/ar
isoC5	4,480	1215	243		4,641E-08		0,7570	1,53417
isoC5	5,330	299	60		1,142E-08		0,1863	
nC5**	5,780	627	125	8,18E-08	2,395E-08	1,005405	0,3906	
isoC6			0		0,000E+00		0,0000	
isoC6	7,740	113	19		3,597E-09		0,0587	
	8,320	422	70		1,343E-08		0,2191	
	8,590	240	40		7,640E-09		0,1246	
nC6**	9,100	1228	205	6,38E-08	3,909E-08	0,940601	0,6376	
2,2dmC5	10,480	4192	599		1,144E-07		1,8656	Isom.
mcyC5			0		0,000E+00		0,0000	mono
2,4dmC5	10,860	7795	1114		2,127E-07		3,4690	86,67
2,2,3tmC4	11,230	182	26		4,966E-09		0,0810	di
benzene	11,120	0		0,00E+00	0,000E+00	0	0,0000	12,5892
3,3dmC5	12,600	2114	302		5,768E-08		0,9408	tri
2mC6	13,520	85632	12233		2,337E-06		38,1089	0,09061
2,3dmC5	13,660	11195	1599		3,055E-07		4,9821	Cyclo
1.1dmcyC5	13,920	157	22		4,284E-09		0,0699	0,65
3mC6	14,210	82244	11749		2,244E-06		36,6011	
1,3dmcyC5	14,3+14,7	343	49	5,48E-06	9,359E-09	94,31836	0,1526	100,0
3etC5	15,050	6269	896		1,711E-07		2,7899	
1C7=	15,190	481	69		1,312E-08		0,2141	
1,2dmcyC5	15,320	189	27		5,157E-09		0,0841	
nC7	16,400	1528603	218372		4,171E-05			
2=C7	16,810	1978	283		5,397E-08		0,8803	
mcyC6	18,080	297	42		8,104E-09		0,1322	
heptene**	17,500	163	23	8,69E-08	4,448E-09	1,494724	0,0725	
etcyC5	19,100	241	34		6,576E-09		0,1073	
C7= ??	somme	561	80		1,531E-08		0,2497	
toluène	21,220	84	12	2,29E-09	2,292E-09	0,039446	0,0374	
		1741552		nb.mol.conv	6,131E-06			
		%Area(C7)		nb.tot.mol	4,784E-05	%Conv. T	84,7800	
			tot.mol.(C7).conv.		5,811E-06			
				nC7 consom.=%Conv	15,20			

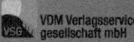

Zeitfracht Medien GmbH
Ferdinand-Jühlke-Straße 7
99095 Erfurt, Deutschland
produktsicherheit@kolibri360.de

Druck:
CPI Druckdienstleistungen GmbH
im Auftrag der
Zeitfracht Medien GmbH
Ein Unternehmen der Zeitfracht - Gruppe
Ferdinand-Jühlke-Str. 7
99095 Erfurt